TANG DYNASTY

WOOD CONSTRUCTION

唐代木构建筑

王永先 李剑平·著

山西出版传媒集团
山西科学技术出版社
·太原·

前言

中国古代木构建筑历史悠久，数量繁多，从七千年前浙江河姆渡遗址至今，历代曾经建造过的单体建筑数量惊人！但是，由于朝代更替、兵燹战乱及自然灾害等原因，现在绝大多数已经毁坏殆尽。根据近年来的调查，中国唐宋年间所建1000年左右高龄的木构建筑现在仅存百余座，可谓建筑历史实例中的稀世珍宝。

隋唐时期，经济繁荣，国力富强，疆域远拓，朝廷制定了营缮法令，设置有掌握绳墨、绘制图样和管理营造的官员，在继承前代技术的基础上，建筑技术更有新的发展。唐时，都城长安与东都洛阳、北都晋阳都修建了规模宏大的宫殿、苑囿、官署，在各地兴建了大量寺塔、道观，均气势恢宏、高大雄壮，充分体现了大唐盛世的时代风貌。

中国早期木构建筑保存最多的山西省，地处黄河流域中游地带，是中华民族的重要发祥地之

一。这块古老、厚重、神奇的黄土地，承载着丰厚无比的古代文明和文化信息。两汉之际,佛教传入中国,在山西创立了我国最早的佛寺之一——五台山灵鹫寺（今显通寺）。西晋灭亡后，中国经历了东晋、南北朝长达260余年的分裂割据时期，佛教得到有利的滋长条件，迅猛地发展起来。历史上的山西，统治者大量雕凿石窟，兴建寺观，塑造神像，其规模和数量在我国中原地区堪称首位。北魏王朝建都平城（今山西大同）后,山西成为中国北方的佛教中心。据《魏书·释老志》载，北魏寺院达6500余所，僧尼超过77000人。以云冈石窟为代表的佛教寺院、石窟、造像如灿烂繁星，不仅数量众多，而且规模宏大。各地高僧如佛图澄、道安、慧远、法显、昙曜等人纷纷在山西建寺传经，弘扬佛法，在中国佛教史上影响很大。

山西五台山是佛经上明确记载的文殊菩萨道场，是历代帝王最为推崇和重视的灵山宝地。在唐代，从太宗到德宗，莫不倾仰灵山，留神圣境，佛寺建有

佛光真容禅寺

360所之多，僧尼达万人之众。唐代著名高僧澄观、窥基、不空、含光、知远等，都曾亲临五台山主持法事，为五台山佛教的弘扬发展奠定了良好的基础。后经历代朝廷尊崇重视，五台山终成中国佛教四大名山之首。

唐会昌年间（841—846），由于佛教在政治和经济上与国家利益的矛盾日益加剧，唐武宗崇道抑佛，导致了会昌二年至五年（842—845）的大规模灭法之举。据史料记载，当时拆毁大寺院4600余所，中小寺院40000有余，各地民间所建的佛寺同样逃脱不了灭法的打击，佛寺建筑毁坏惨重。由于位置偏僻、知名度不高等原因，如今中国境内的唐代寺庙木构建筑唯有五台县的南禅寺正殿、佛光寺东大殿，以及平顺天台庵大殿，芮城县广仁王庙正殿得以幸存，可谓凤毛麟角、珍宝中的珍宝。

这些建筑以中轴线布局，左右对称，结构简单，朴实无华，雄伟气派，屋面坡度比较平缓，表

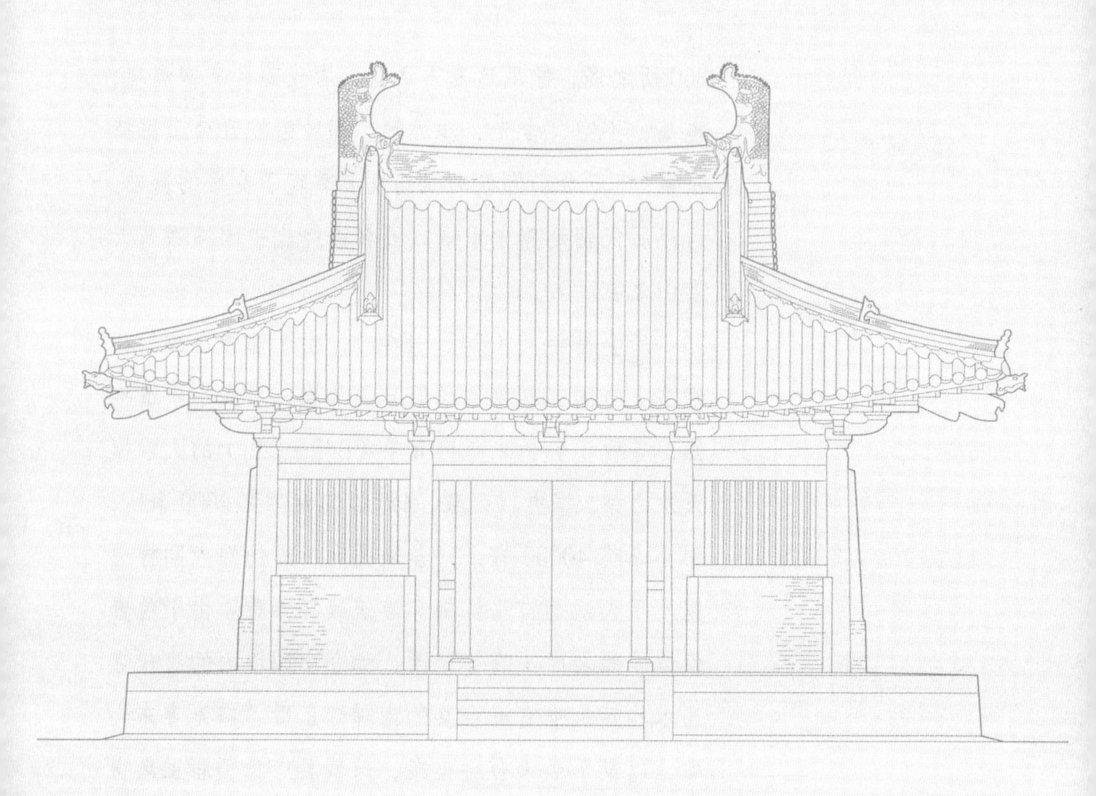

现出唐代巍峨壮丽、雄浑大气、和谐统一的文化特色，形成了自己完整的建筑体系，堪称中国木构建筑的里程碑。整体大木组合主要体现于抬梁式梁柱组合的运用，斗栱硕大，柱子较粗，屋檐深远，用材较大，梁架举折和缓有度，梁栿间构件的制作朴实无华、讲求实效。材份模数制度逐渐确立，房屋梁架以及斗栱的铺作层序制度已经形成，为后世建筑技术的发展奠定了坚实的基础。

中国古建筑是在一定的历史条件下产生的，反映的是当时的社会生产能力、科学技术水平、工艺技术以及生活方式、艺术风格、风俗习惯等。保存完好的木构建筑遗存，既是研究历史文化的重要实物资料，又是社会文化变迁的历史见证，是先人为我们留下的珍贵文化遗产，具有历史、文化、科技、艺术等多方面价值。它们饱含着过去岁月传下来的信息，是人民千百年传统的活的见证。

目录 —— CONTENTS

肆、平顺天台庵大殿

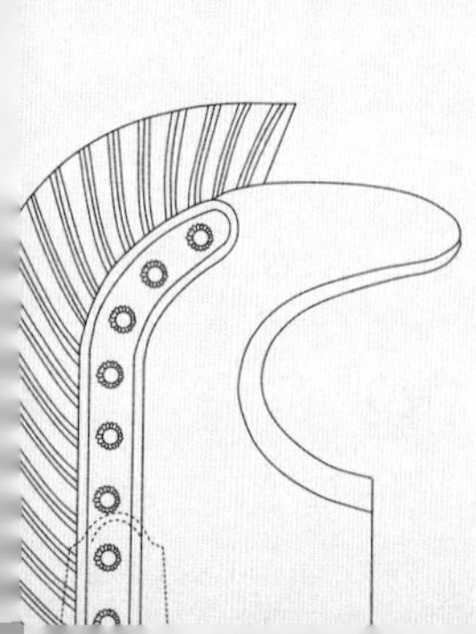

壹 五台南禅寺大殿

大殿正立面

梁架题记不仅仅为我们考察建筑创建年代提供了文献依据，而且为我们打开了一段历史记忆——早在春秋时期，匠人就已经将制造者的名字刻在所制造的器物表面,这便是《唐律疏议》记载的“物勒工名，以考其诚，工有不当，必行其罪”，梁架题记则是“物勒工名”在建筑上的延续。

南禅寺，为全国重点文物保护单位，位于山西省五台县城西南 22 千米处的东冶镇李家庄村。

庙宇坐北朝南，背靠山梁，庙前土崖附近有流水潺潺，环绕寺旁，四周林木繁茂，红墙绿树，极为雅静。寺庙规模不大，占地 3078 平方米。寺内主要建有山门（观音殿）、东西配殿（菩萨殿、龙王殿）和大殿，另有东跨院，建有僧房 30 余间，由两组四合院式的建筑组成。

作为寺内主体建筑的大雄宝殿，修建于唐德宗建中三年（782），《五台县志》《清凉山志》等历史文献均没有记载其历史沿革，寺内几通明清碑刻只记载了南禅寺是唐代五台山郭家寨、李家庄两村集资所建的香火庙。大雄宝殿当心间西缝梁架平梁底皮有重要墨书题记："因旧名时大唐建中三年岁次壬戌月居戊申丙寅朔庚午日癸未时重修殿法显等谨志。"通常建好一座庙宇之后，至少都会使用几十年，如果没有严重破损，不会马上重新大修。

大殿平梁上的题记说明，早在唐建中三年之前的较长年代，南禅寺其实已经创建了，至今已有 1200 余年，可谓中国现存木结构建筑中年龄最大的"寿星"。

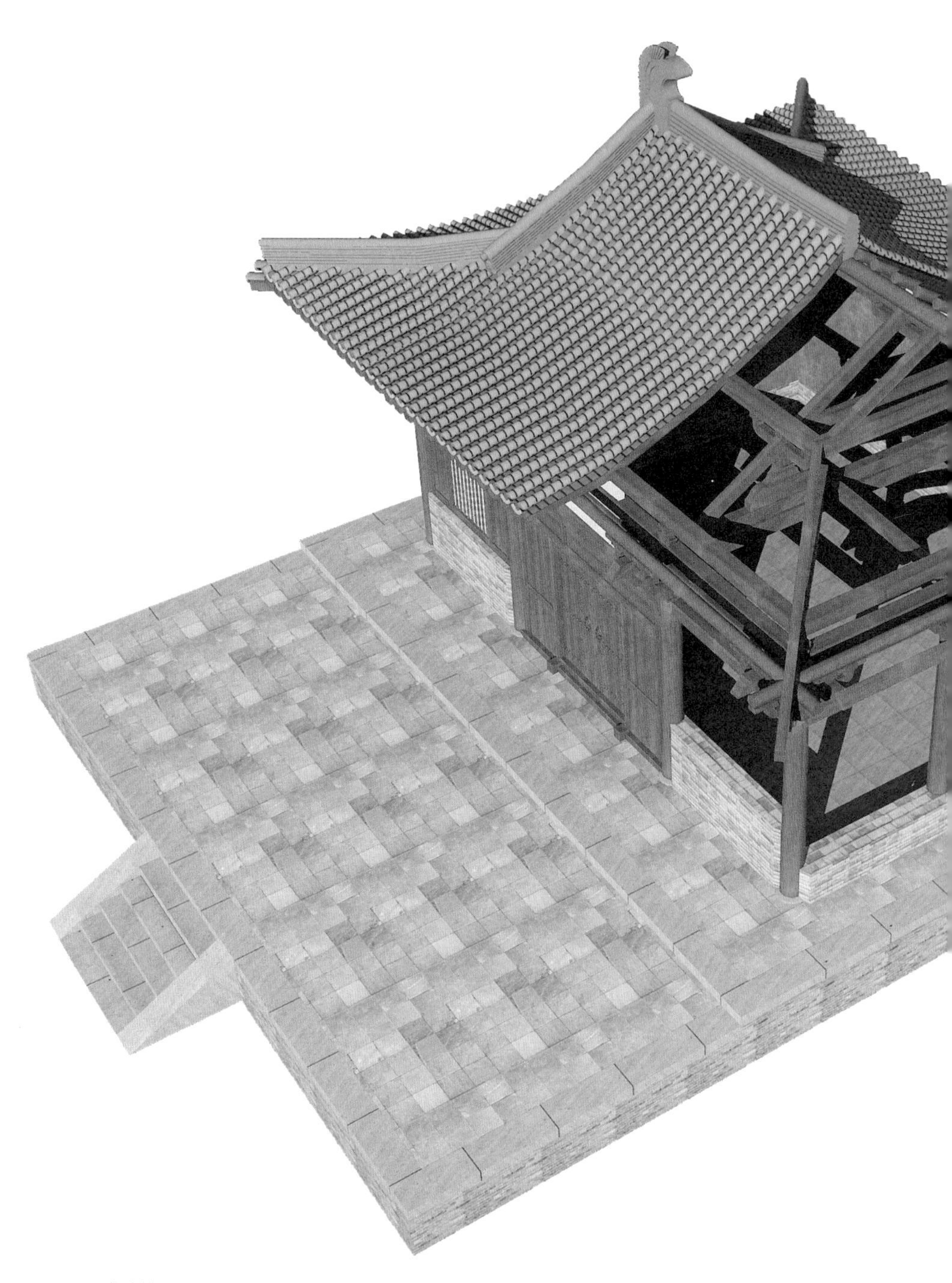

大殿三维剖视图

唐会昌五年（845），唐武宗在全国实施了大规模灭法活动，命令除东西二京以及诸郡各留少数寺院之外，其余各地寺院全部拆毁，僧尼还俗。这次灭法，最后拆毁各地大寺 4600 余所，小寺 4 万余所，被勒令还俗的僧尼达 26 万人之多。五台山作为佛教圣地，当时影响较大，许多佛寺也在此时被毁。

南禅寺地处台怀镇之外比较偏僻的乡村，距离五台山中心较远，寺庙规模及影响都不大，侥幸地躲过大劫，幸免于难。它是躲过唐武宗灭法打击，唯一保留至今的唐代木构佛寺建筑。南禅寺经历千余年漫长而多难的历史，能避过一切劫难幸存下来，真可谓奇迹，是中国历史最久远的一座佛寺木结构古建筑实物例证。

南禅寺鸟瞰

据《宋史·李京传》载："自宝元初，定襄地震，坏城郭，覆庐舍，压死者以数万人，殆今十年，震动不已。"宋宝元元年（1038），地震震中发生在山西省定襄、忻府一带，推测震级约为7级，震中烈度约为10度。位于五台李家庄的南禅寺，距定襄城仅20多千米，当时可能受到较大破坏。据题记及碑文记载，此后大殿历经多次小修，宋元祐元年（1086）可能进行了一次较大的维修，元至正三年（1343）修补了大殿的塑像，清嘉庆二十五年（1820）和同治十二年（1873），全寺又经过两次普遍的维修。寺内其他建筑，除明隆庆元年（1567）所建的龙王殿以外，

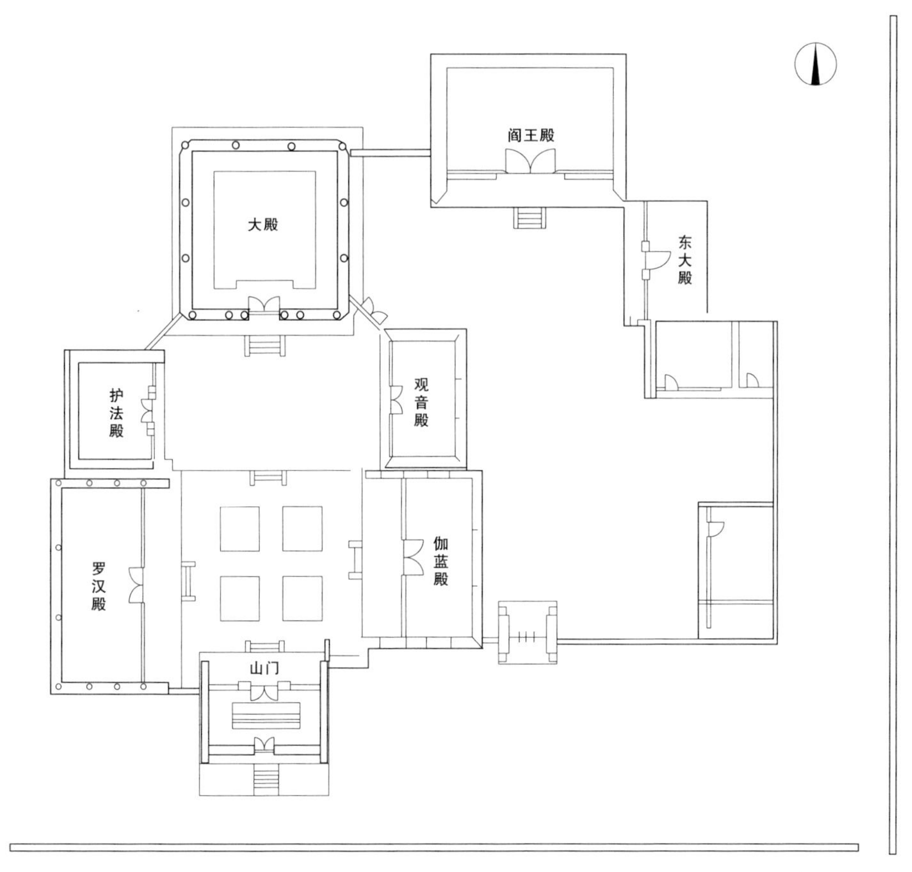

南禅寺总平面图（修缮前）

其余各殿都属于清代中晚期重修或补建的。1953 年发现南禅寺大殿为唐代木构建筑物后，进行了局部的维修加固。1966 年河北邢台发生大地震，南禅寺大殿砖券部分坍塌，整体梁架明显倾斜，构件脱榫、劈裂严重，文物管理部门及时作了抢救处理。1972 年由国务院批准，拨专款进行了落架大修，1975 年全部完工。

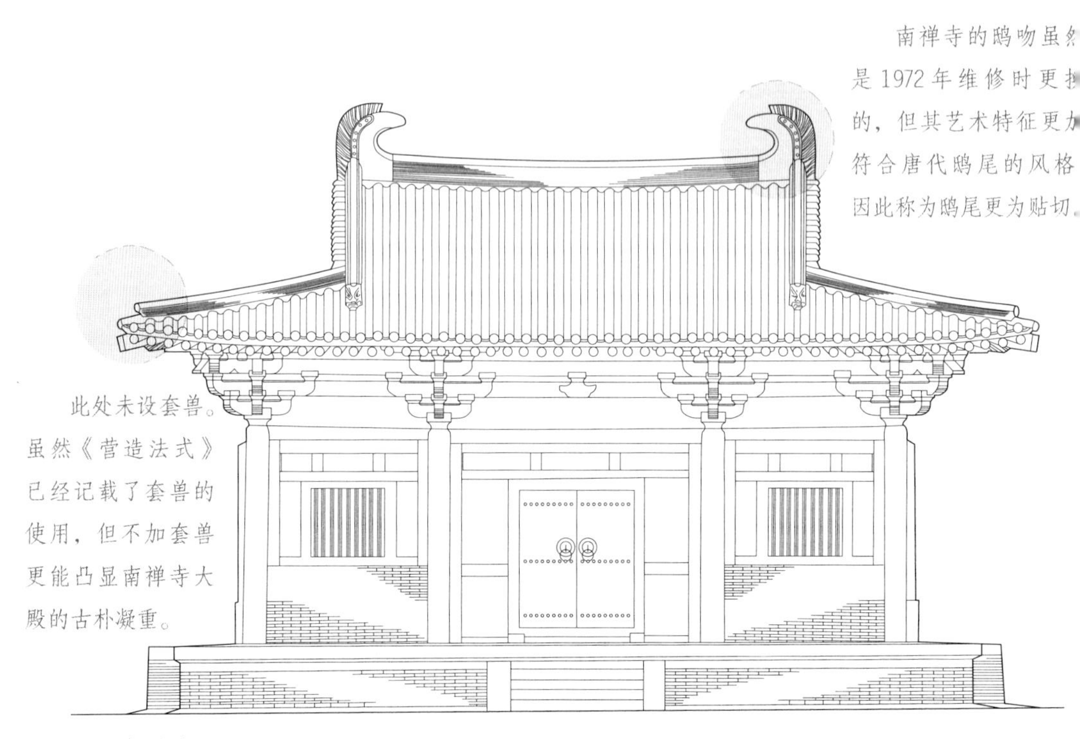
南禅寺的鸱吻虽
是 1972 年维修时更
的，但其艺术特征更
符合唐代鸱尾的风格
因此称为鸱尾更为贴切
此处未设套兽。
虽然《营造法式》
已经记载了套兽的
使用，但不加套兽
更能凸显南禅寺大
殿的古朴凝重。

正立面图

一、立面造型

南禅寺大殿，由台基、屋架、屋顶三部分组成。其面阔三间，通面阔 1173 厘米，进深四椽，通进深 999 厘米，建于方整的台基之上。正面当心间设板门，两次间窗心为破子棂窗，门两侧安檐柱，装泥道板，门额上用立旌分隔，施壁板 3 块。门板安装铁铺首，窗下部砌条砖墙，其他三面为檐墙。屋顶为单檐歇山顶，上覆灰布筒板瓦。一条正脊、四条垂脊、四条戗脊，共九脊，其屋顶坡度在中国现存木结构古建筑中最为平缓。

大殿斗栱硕大，出檐深远，栱头卷杀均为五瓣，为我国木构建筑中的孤例。栱头卷瓣是斗栱的细部做法，它的存在为我们展现出斗栱制作的演变趋势，比如《营造法式》规定：令栱“角头以五瓣卷刹”，其他栱则是四瓣。到了明清时期，则规定为“瓜四、万三、厢五”，即瓜栱四瓣，万栱三瓣，厢栱五瓣。

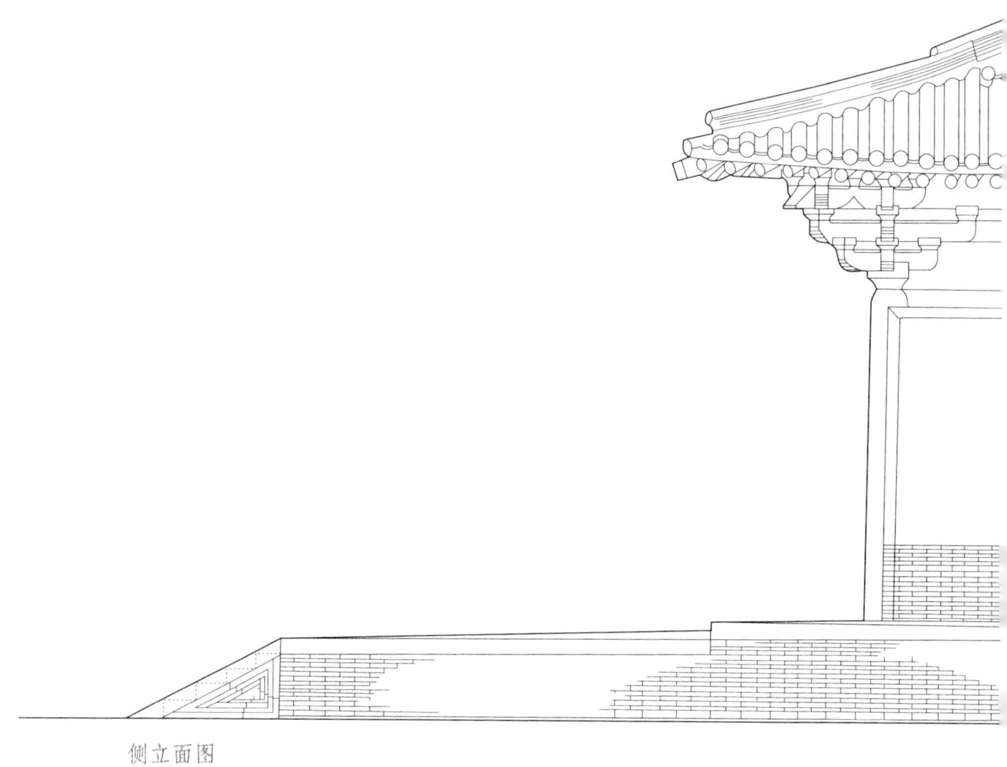

侧立面图

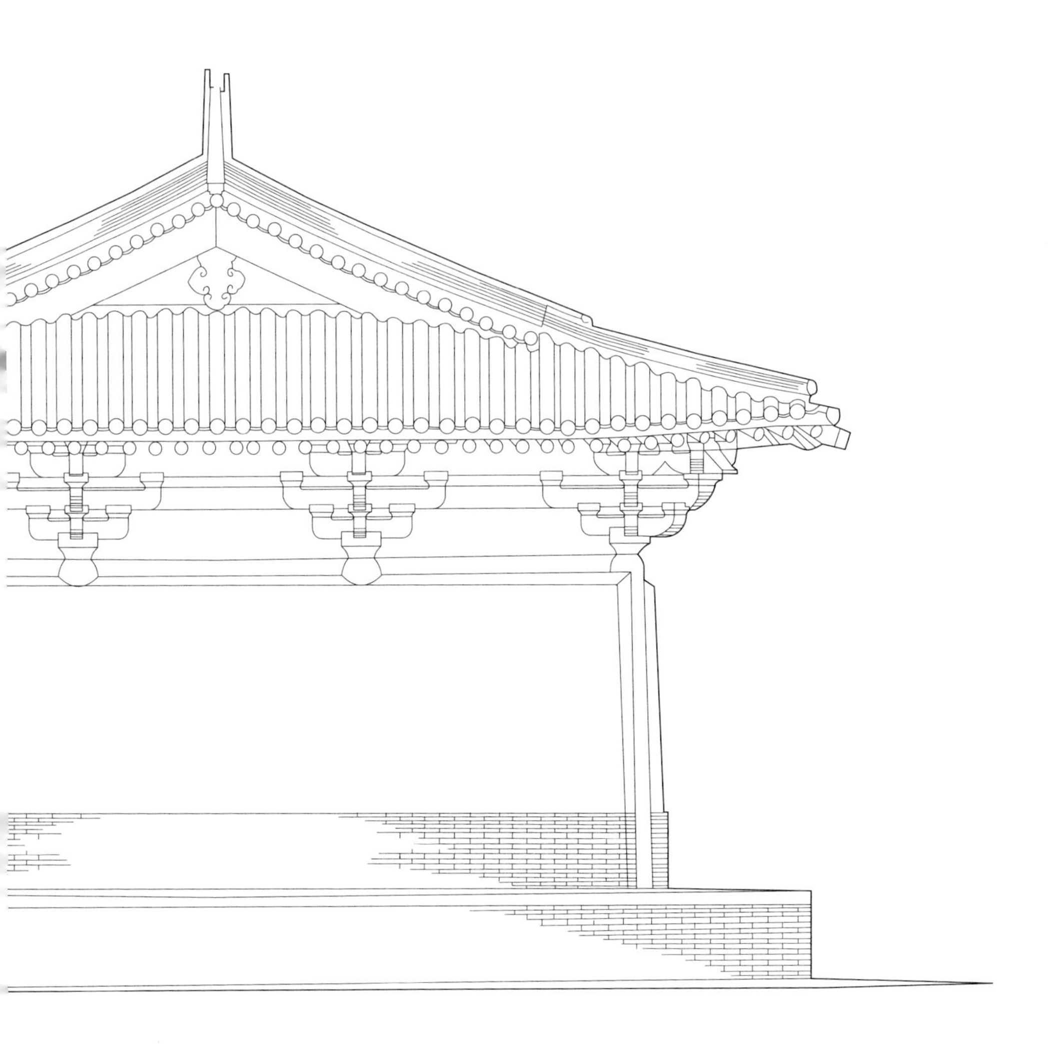

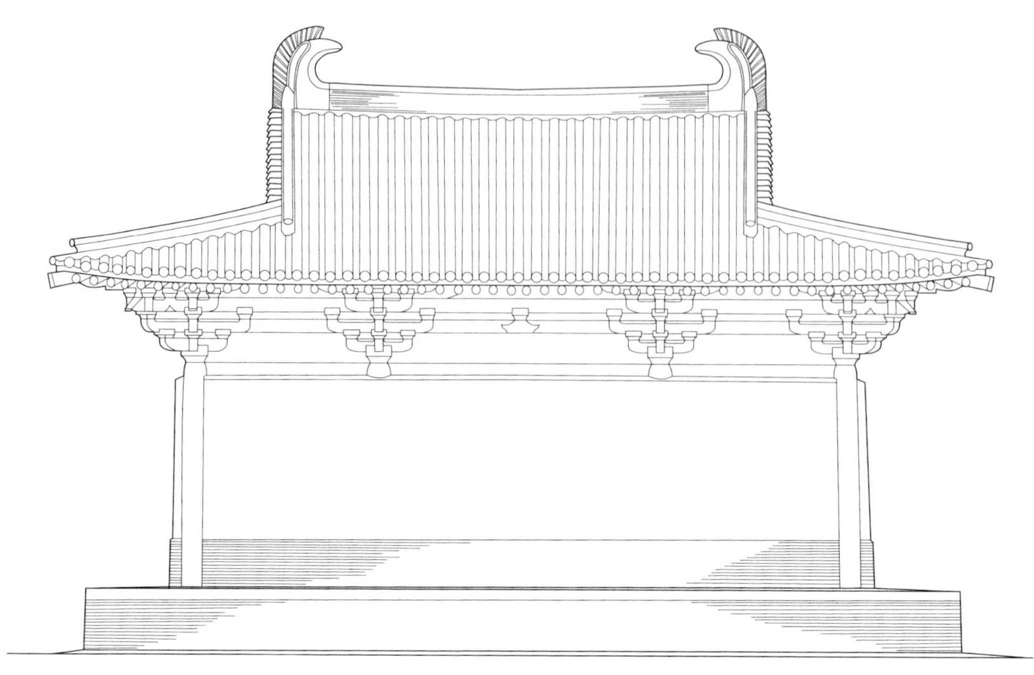

背立面图

从结构上看，背立面图与正立面图并无二致，只是不设格扇门窗。这是北方早期建筑的共同特征，与南方早期建筑略有不同。

古老的破子棂窗，只有柱头斗栱，而不设补间斗栱，只有椽而无飞……这些都是早期建筑的特征。

大殿侧前方仰视

佛教寺院设山门，沿袭了佛教丛林制度，而山门又寓意着佛教经义，即三解脱门——空、无相、无作。

山门

南禅寺纵断面图

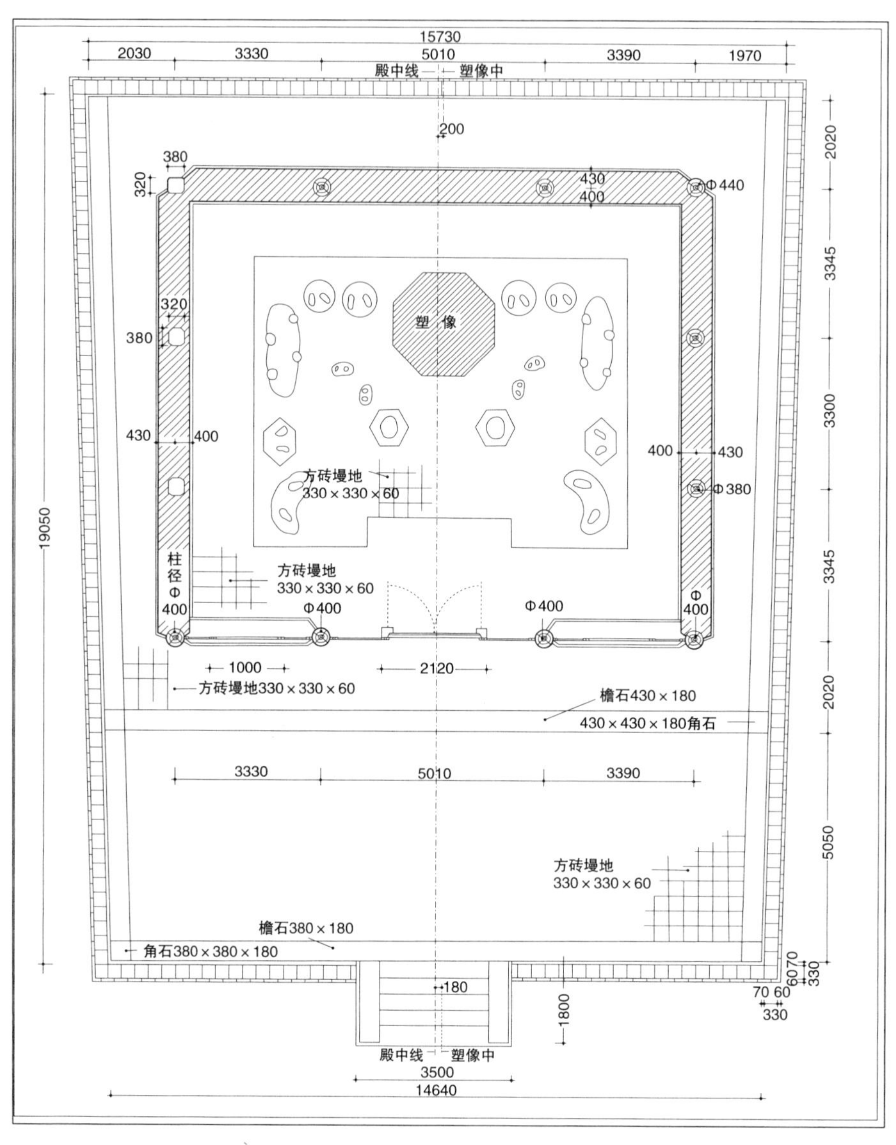
15730
2030
3330
5010
3390
1970
殿中线
塑像中
200
380
320
430
400
Φ440
塑像
方砖墁地
330 × 330 × 60
柱径Φ400
Φ400
Φ380
1000
2120
方砖墁地330 × 330 × 60
檐石430 × 180
430 × 430 × 180角石
檐石380 × 180
角石380 × 380 × 180
180
1800
3500
14640
19050
2020
3345
3300
5050
70
60
330

平面图

单位：毫米

二、平面布局

大殿平面近方形，由 12 根檐柱布局四周，殿内不设金柱。12 根檐柱中，西面 3 根柱子断面为微抹四角的长方形（32 厘米 ×38 厘米），其余各柱均为圆柱。柱础由不规则的青石做成，一般长宽为 60～70 厘米，最宽的可达 82 厘米，最窄的为 53 厘米，厚度 19～22 厘米，顶面与地面齐平。

从柱中到柱中测量，柱根平面尺寸为当心间面阔 501 厘米，次间分别为 339 厘米和 333 厘米，通面阔 1173 厘米；进深方向，当心间 330 厘米，次间 334.5 厘米，通进深 999 厘米。柱头平面尺寸为当心间面阔 499 厘米，次间 331 厘米，通面阔 1161 厘米，通进深 1000 厘米。月台宽 1464 厘米，深 505 厘米，台明宽 1483 厘米，深 1403 厘米。

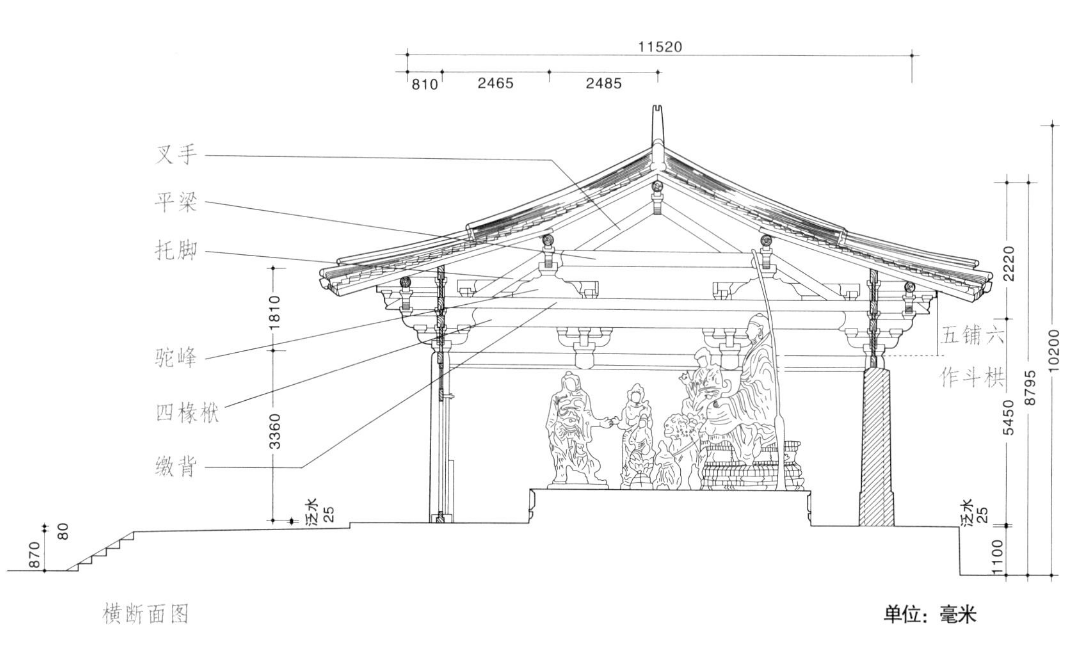
11520
810
2465
2485
叉手
平梁
托脚
驼峰
四椽栿
缴背
1810
3360
泛水
25
80
870
2220
五铺六
作斗栱
10200
8795
5450
1100
横断面图

单位：毫米

三、梁架

1. 横断面

大殿梁架结构属于《营造法式》中“四架椽屋通檐用二柱”厅堂式样，当心间用两根大梁贯穿前后檐柱，其上置平梁，前后屋顶共搭载四椽，故又称“四椽檐栿”。四椽栿两端梁头砍成华栱形制，插入前后柱头五铺作斗栱内，形成第二跳华栱。为了增加大梁的负荷能力，在四椽栿上另加一根覆梁，术语称为“缴背”，这一做法符合《营造法式》中的规定。缴背上置驼峰、托脚以承平梁（俗称“二梁”），其上再置叉手等承托脊槫。

整体梁架的横向联系，仅在槫下用令栱和枋子，各槫之间用椽相连。椽为圆形，乱搭头铺钉，檐头仅用檐椽，不用飞椽。

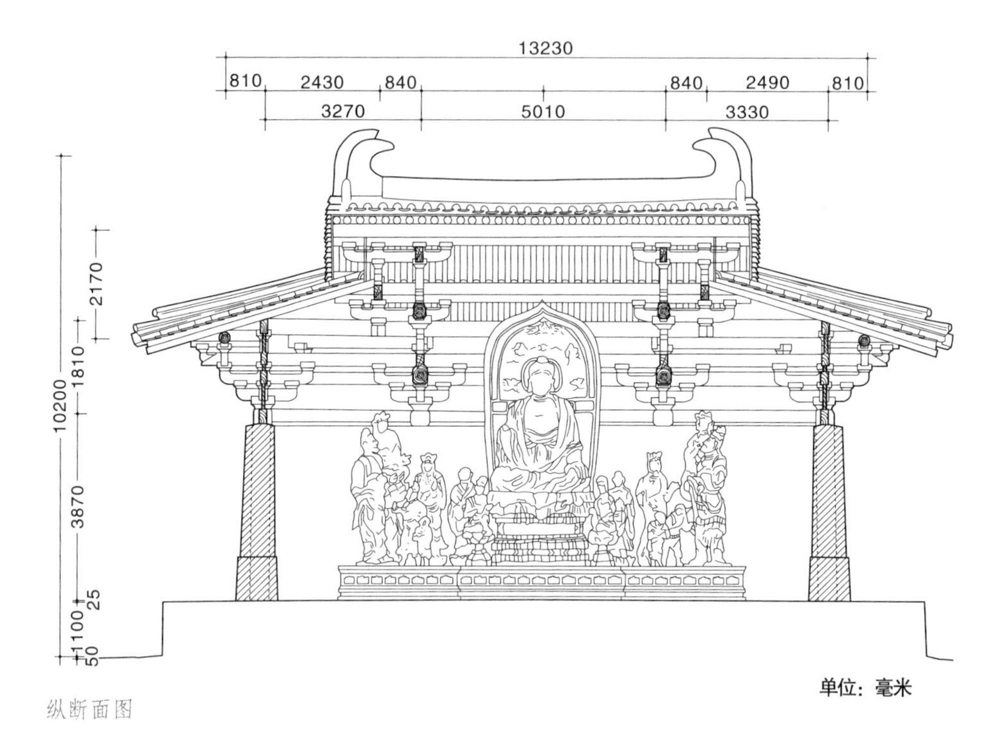
13230
810
2430
840
840
2490
810
3270
5010
3330
2170
1810
10200
3870
25
1100
50
单位：毫米
纵断面图

2. 纵断面

前后纵断面结构相同。檐柱柱头承五铺作斗栱，东西各用两根丁栿与山面柱头联系，丁栿后尾穿过缴背搭在四椽栿上，丁栿前端做成耍头样式，从山面柱头斗栱内插入并伸出外侧。转角处以同样的做法加斜栿一根。山面歇山构架用阑头栿，形成连身对隐出际。梁架四角只用大角梁，不用仔角梁和续角梁。

叉手

维修前平梁上设蜀柱叉手结构形式，维修后恢复为只设叉手形制。

四、柱子

大殿共设 12 根檐柱，其中，西面 3 根柱子为断面方形、微抹四角的方柱，其余各柱均为圆柱。根据早期木构建筑的常用手法，以及木质的风化程度、制作手法来判断，方柱年代早于圆柱。笔者认为，唐代中期原建大殿时全部或大多使用了方柱，唐建中三年（782）重修时可能更换了部分方柱，此 3 根断面方形、微抹四角的方形柱子，在现存古代建筑中是孤例。在宋代以后数次较大的维修中，除保留 3 根方柱外，其余 9 根都换成了圆柱，其中前檐当心间西柱为圆柱，其内侧尚保留着宋政和元年（1111）游人墨书题记，可能是因宋元祐元年地震破坏而更换的。

后檐檐柱与墙体

角柱上的转角斗栱为我们提供了这样一个信息——转角部位 90° 方向出 45° 度斜栱，至迟在唐代已经成熟，而在汉代则没有 45° 斜栱连接。

前檐檐柱与墙体

翼角部分的斗栱与檐椽

在古老的翼角映衬下，尽显庭院的深邃。

五、铺作

此大殿斗栱分为前后檐柱头斗栱、山面柱头斗栱及转角斗栱三种，均为五铺作双杪偷心造，无昂，不设补间铺作。特点是，各朵斗栱中的泥道栱、华栱、令栱的栱头卷杀，都砍成五瓣。每瓣均向内顱约 0.3 厘米。栱瓣内顱的做法，在天龙山、响堂山等南北朝时期的石刻窟檐中尚有例证，在山西寿阳北齐墓木椁中残留的个别斗栱上也可见到。在现存的木构建筑中，南禅寺大殿栱瓣均为五瓣的做法已经成为孤例。各朵柱头斗栱的第二层柱头枋上，施一小驼峰、皿板、散斗承托压槽枋，此种形式在后代极为罕见。皿板的使用，后来更少见，是唐代早期木构建筑的明显特征。

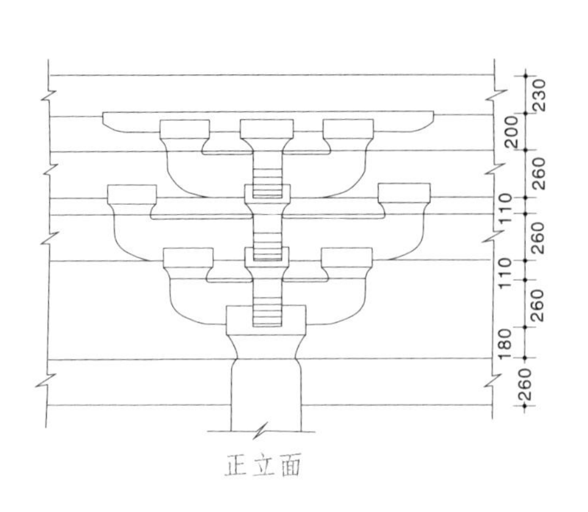

正立面

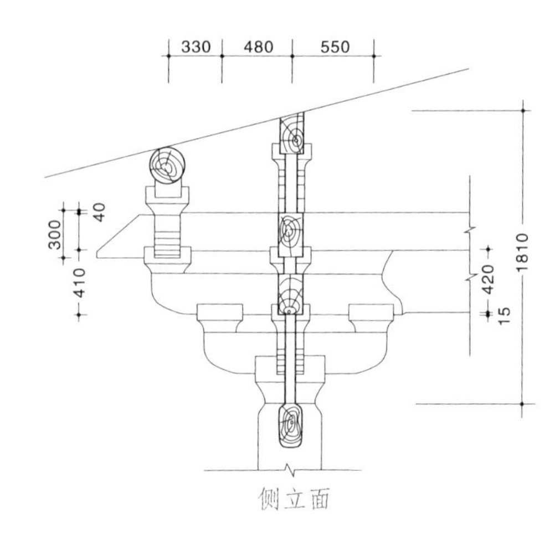

侧立面

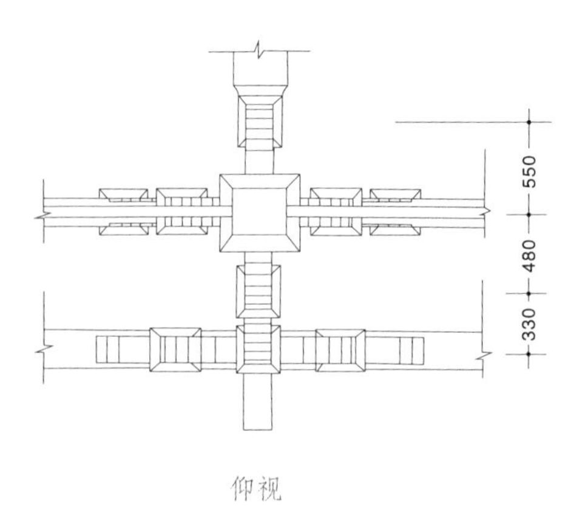

仰视

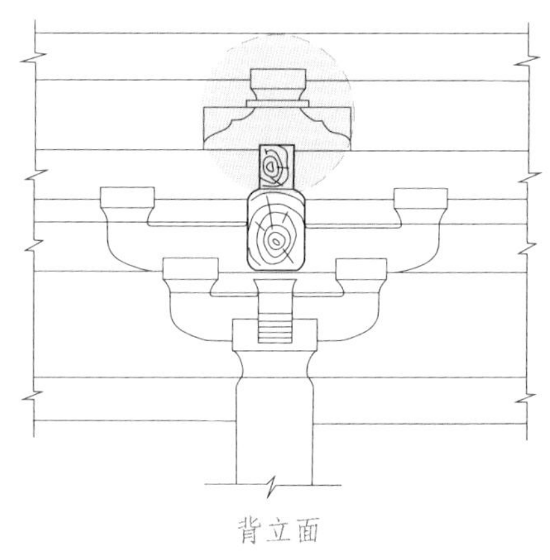
背立面

皿板是东汉至唐代的特殊做法，是匠人为使栱与斗更加稳定而设置的，但在使用过程中逐渐暴露出结构上的弱点，故唐代以后不再使用，只在某些地方做法中尚存皿板遗迹。

前后檐柱头斗栱

单位：毫米

1. 柱头斗栱

柱头上安大斗，正心横向置泥道栱，其上设两层柱头枋和一层压槽枋，下层柱头枋隐刻泥道慢栱。纵向前出华栱二跳，第一跳偷心，第二跳上置令栱与耍头相交，其上再用替木承托撩风槫。二跳华栱为“四椽栿”大梁的出头，耍头为大梁上的缴背出头砍制而成，耍头平出，做成批竹昂式。

柱头铺作

此斗栱形制为五铺作偷心造。偷心是早期建筑的共同特征，由于偷心造在结构上存在许多弱点，因此元代之后，偷心造结构演变为计心造。

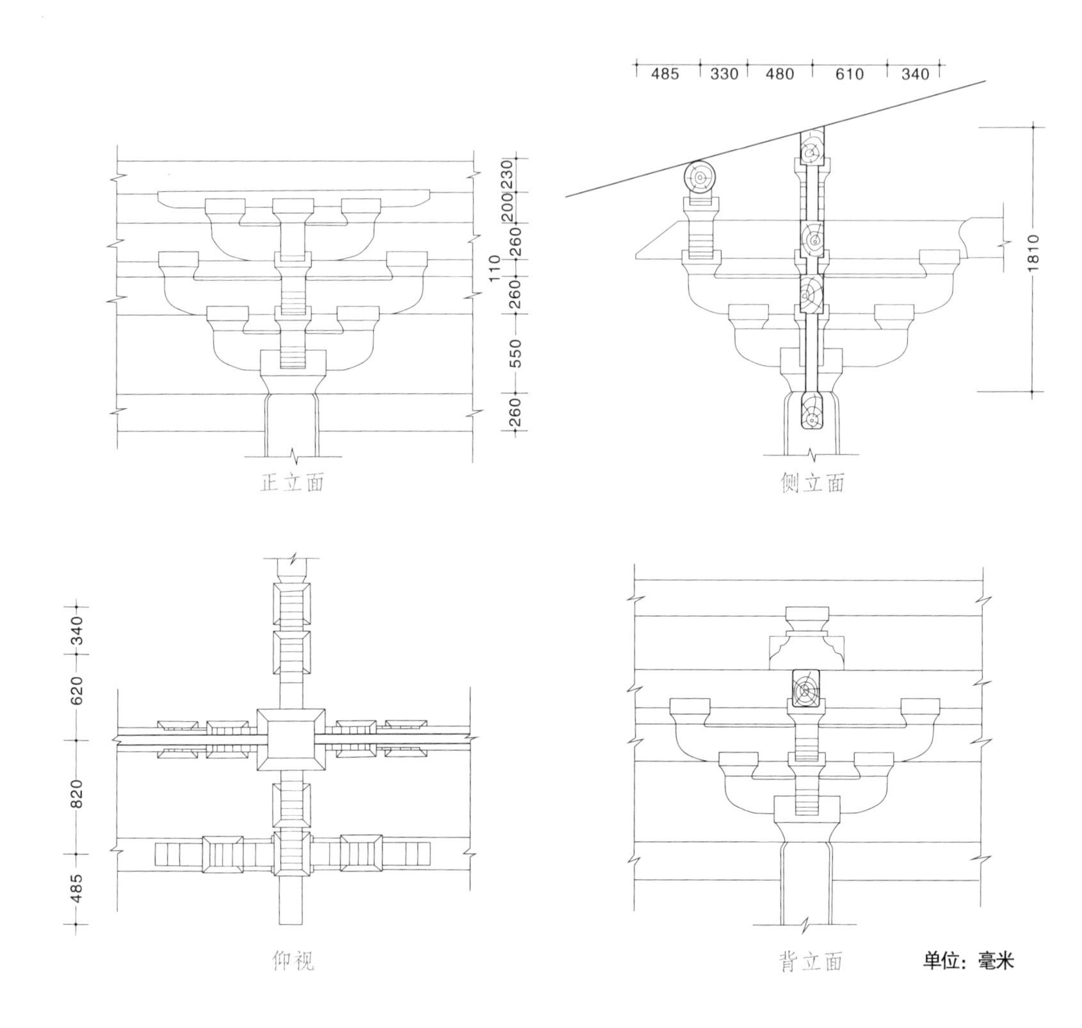

230
200
260
110
260
550
260
正立面
485
330
480
610
340
1810
侧立面
340
620
820
485
仰视
背立面
单位：毫米

两山柱头斗栱

山面柱头斗栱

2. 山面柱头斗栱

与前后檐基本一致，柱头上安大斗，正心置泥道栱，其上设两层柱头枋和一层压槽枋，下层柱头枋隐刻泥道慢栱。前出华栱二跳，第一跳偷心，第二跳上置令栱与耍头相交，其上再用替木承托撩风槫。耍头系丁栿梁头砍制而成，平出，做成批竹式。

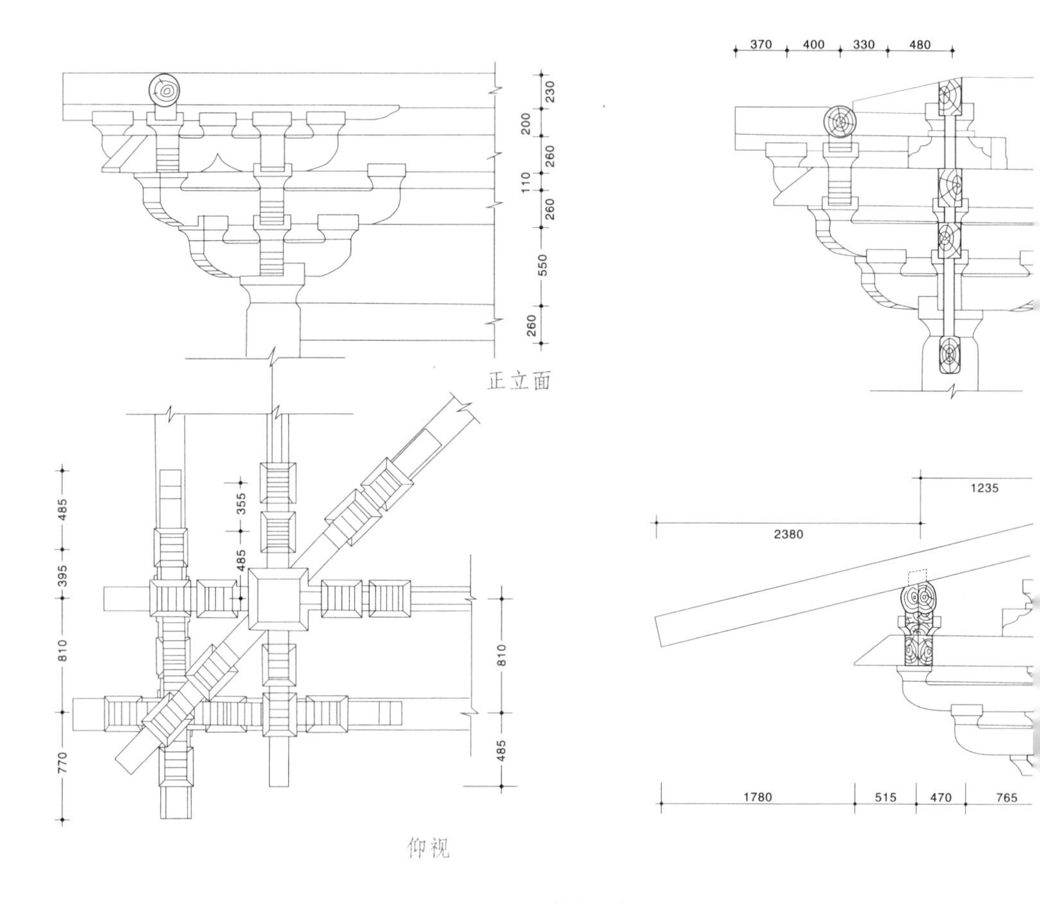

转角斗栱

3. 转角斗栱

正身同柱头斗栱，转角 45° 出角华栱二层，二跳跳头承十字相交的鸳鸯交手栱。而南禅寺大殿的转角斗栱，应该是目前为止完成转角部分正面与侧面正身栱连接的最早实例。

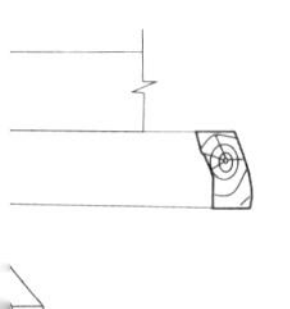

侧立面

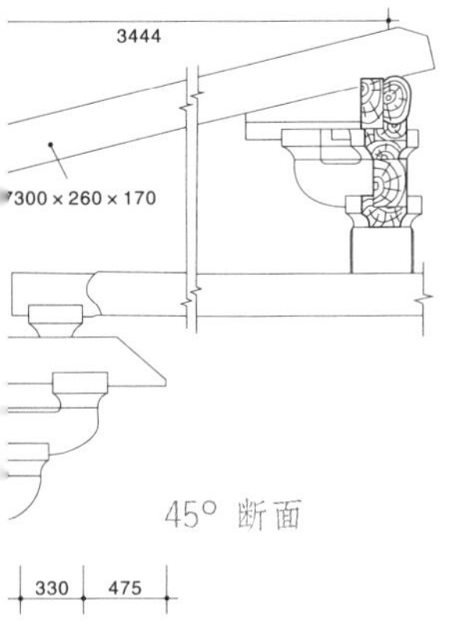

45° 断面

单位：毫米

转角斗栱是斗栱组合当中最为复杂的结构形式。它不仅反映了古代匠人的聪明才智，也是古代匠人高超技艺的集中体现。

外檐转角斗栱

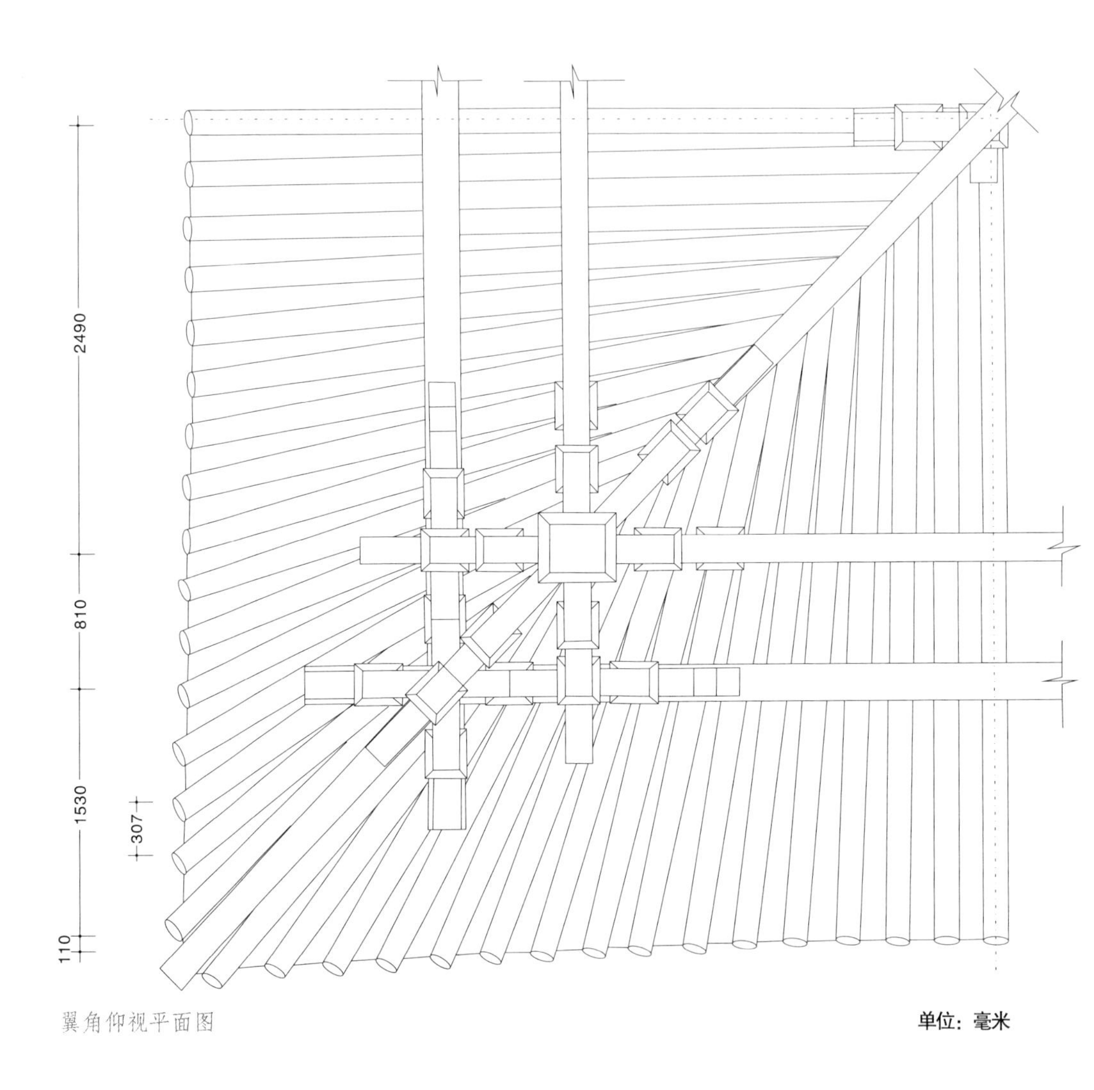

翼角仰视平面图

单位：毫米

南禅寺大殿翼角椽铺钉的方法，居于“扇列式”和“平列式”之间，自翼角翘起处逐根逐渐向角梁处靠拢，但椽子的中心线后尾却不交于一点。此种式样可以说是上述两种式样的过渡形式。

六、椽望与翼角

翼角椽的铺钉式样，已知的有两种：一种是以角梁后尾与平榑相交处为中心，向檐头依翼角椽子数目做辐射线，作为翼角椽各根的中心线，自正身向角梁依次铺钉，即“扇列式”，这是最常见的一种；另一种是翼角椽和正身椽子一样，都与檐头线垂直铺钉，椽后尾直插在角梁一侧，即“平列式”。

“平列式”在国内仅见于一些石刻和壁画，如河北定兴北齐石柱上的石屋、陕西乾陵唐代述圣碑的碑头雕刻以及陕西韦洞墓壁画中的建筑等。日本一些相当于我国唐代时期的木构建筑中尚保留这种做法，我国南方民间晚期建筑亦有此形式。

翼角仰视

椽子是支撑屋檐的重要构件，根据专家推断，椽子是由檩子演变而来。而翼角椽子的排列形式反映出不同历史时期的建筑风格，因此成为建筑断代的主要依据。

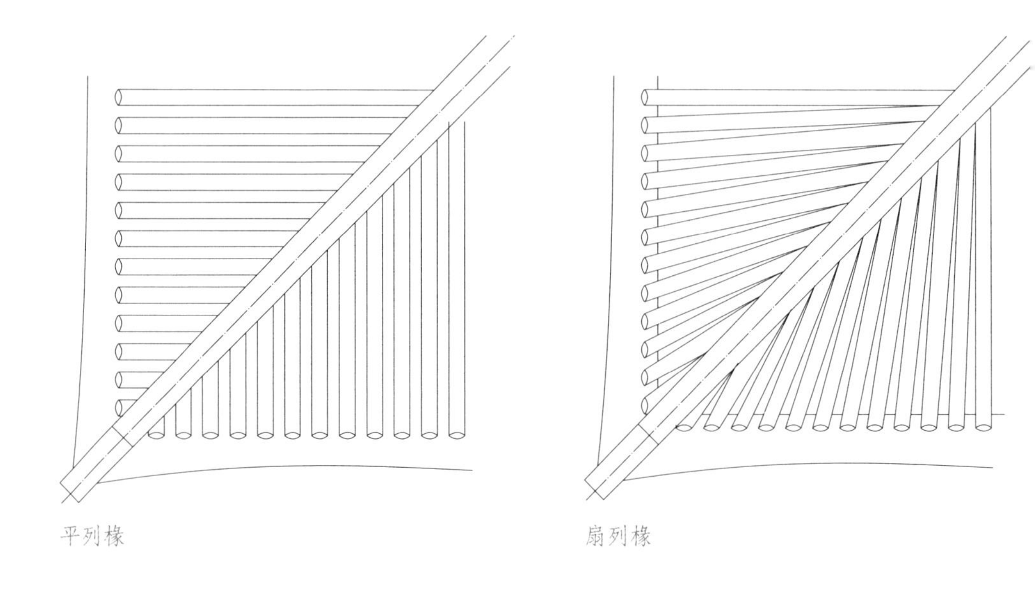

平列椽　　扇列椽

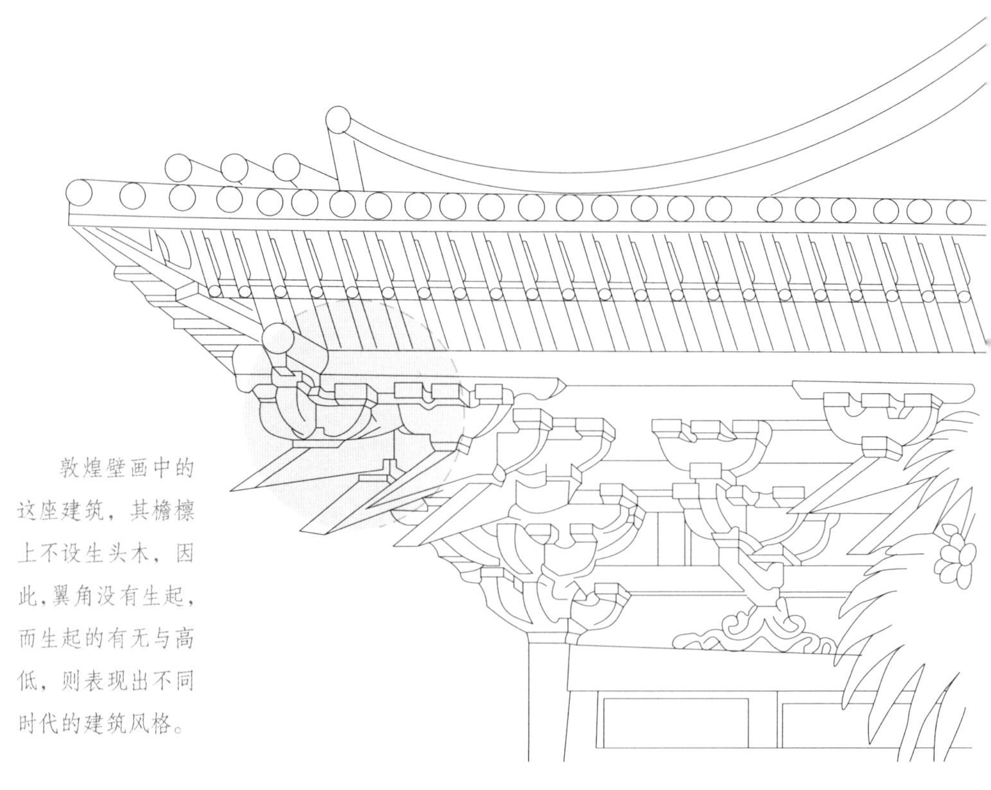

敦煌壁画中的这座建筑，其檐檩上不设生头木，因此，翼角没有生起，而生起的有无与高低，则表现出不同时代的建筑风格。

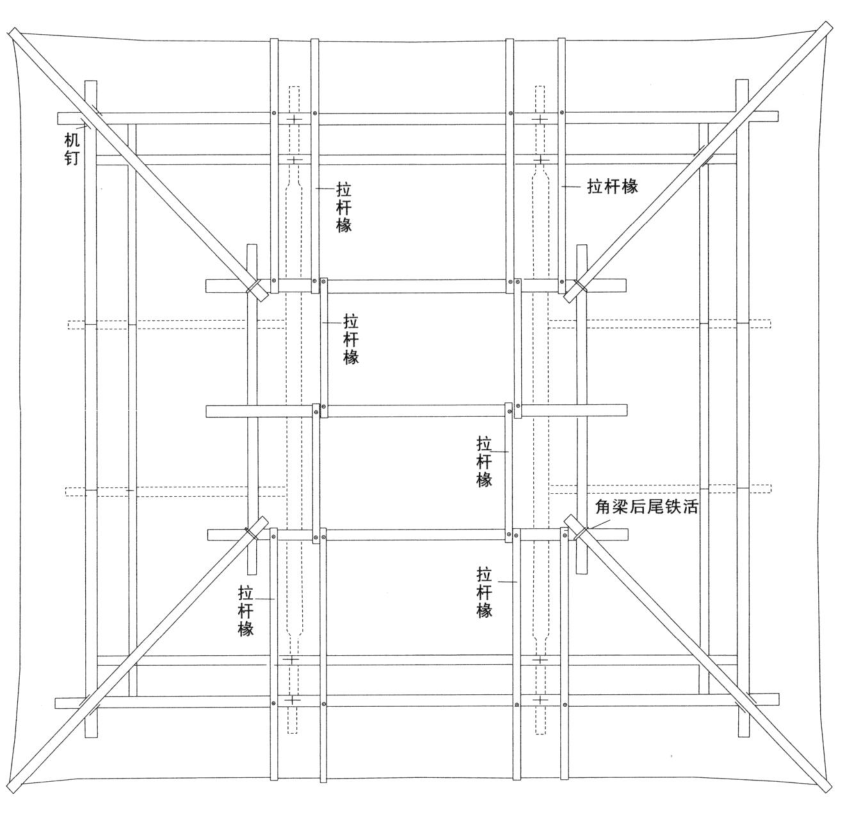

1973年维修后槫枋及拉杆椽结构图

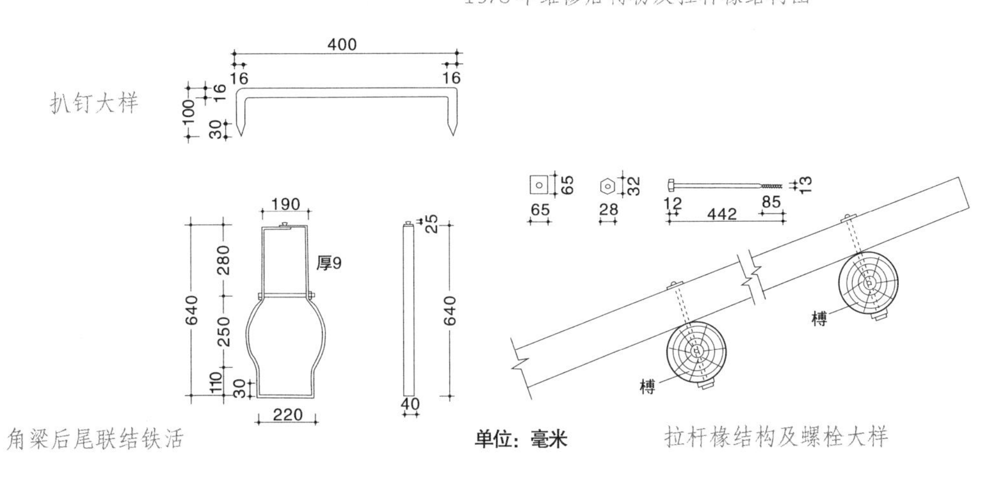

扒钉大样

角梁后尾联结铁活

单位：毫米

拉杆椽结构及螺栓大样

鸱尾
正脊
垂脊
戗脊
勾头
滴水

瓦顶俯视
筒瓦
坂瓦
排山
勾滴

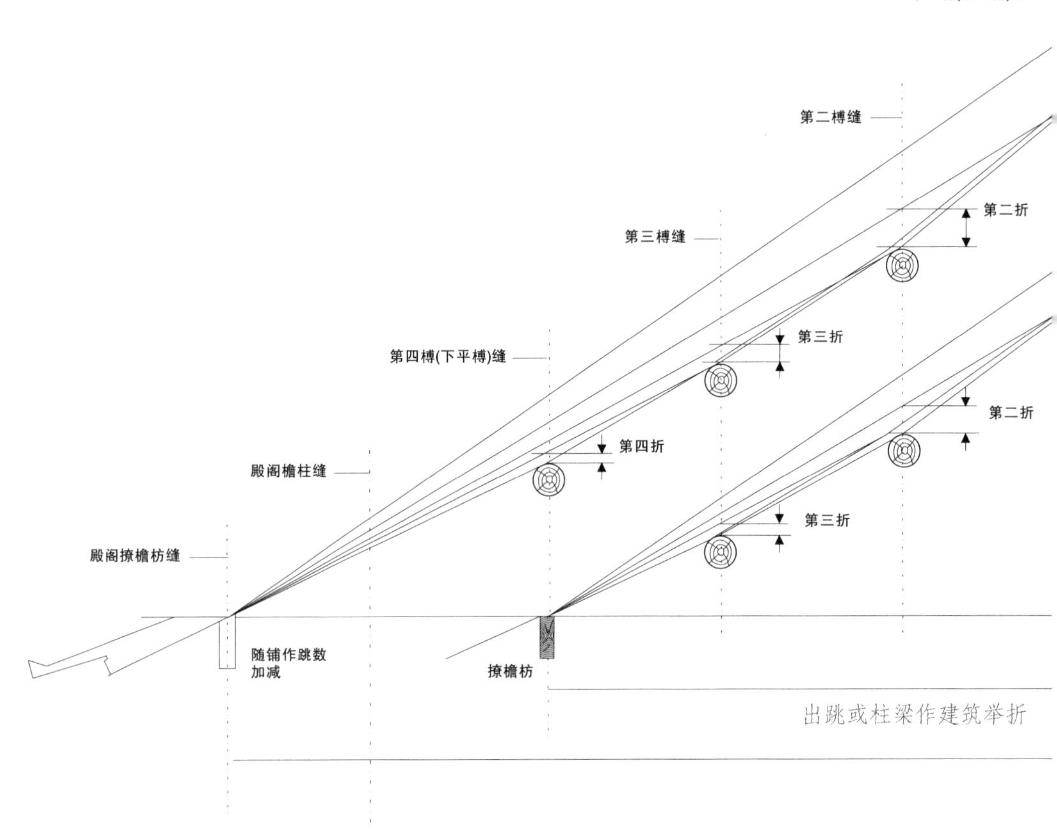

有斗栱出跳的建筑举折

本图是根据《营造法式》中的举折图而绘制的。“举折”在《工程做法则例》中称“举架”。二者均为建筑高低陡峻的法律规定，但事实上，一些地方建筑，甚至官式建筑，其屋架高低、屋坡大小等均与官方要求有所不同。

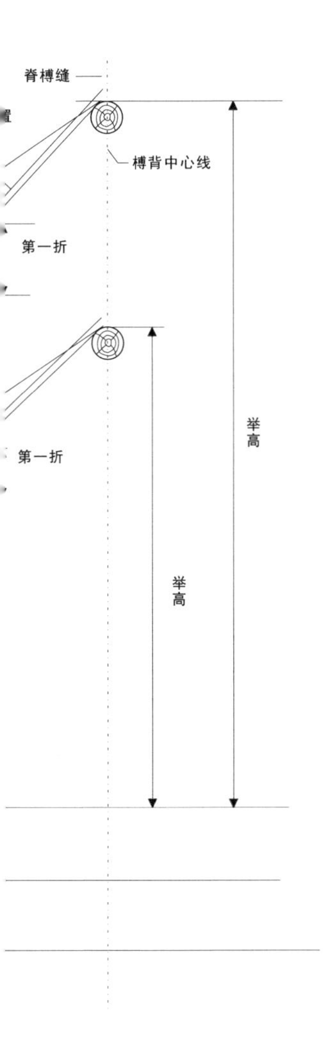

七、举折

总举高 217 厘米，前后檐撩风槫中距 1152 厘米，屋顶举折 1/5.3。以上数据证明，南禅寺大殿屋顶举折十分平缓，是早期木构建筑屋顶举折最为平缓的珍贵实物例证。

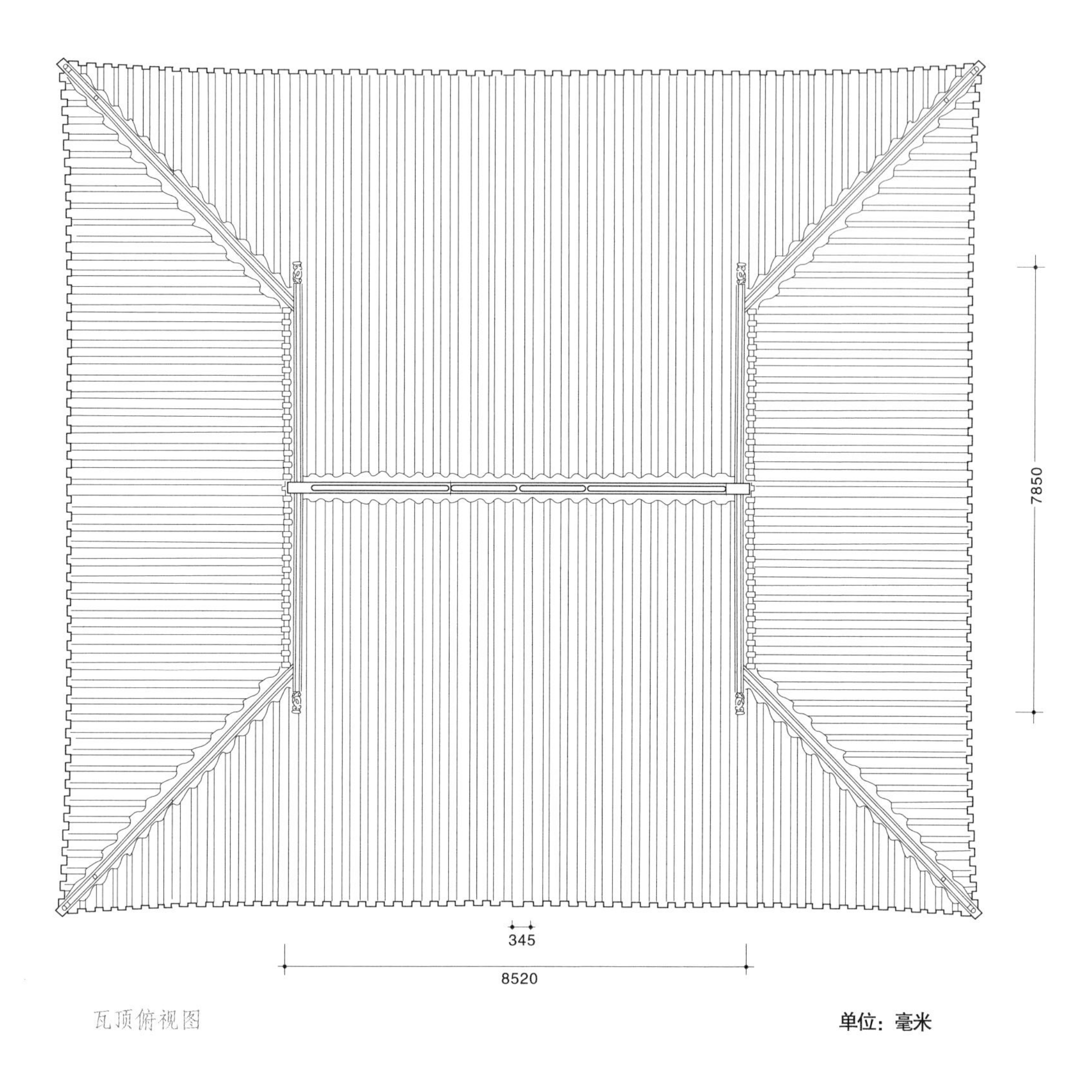

瓦顶俯视图

单位：毫米

图中屋顶共有屋脊九条，故称为“九脊顶”，也称为“歇山顶”。早在汉代，“歇山顶”就已经定型，四川牧马山崖墓出土的东汉明器是早期歇山顶形式的有力佐证，不过汉代的歇山顶为二段跌落式，做法古朴稚拙。

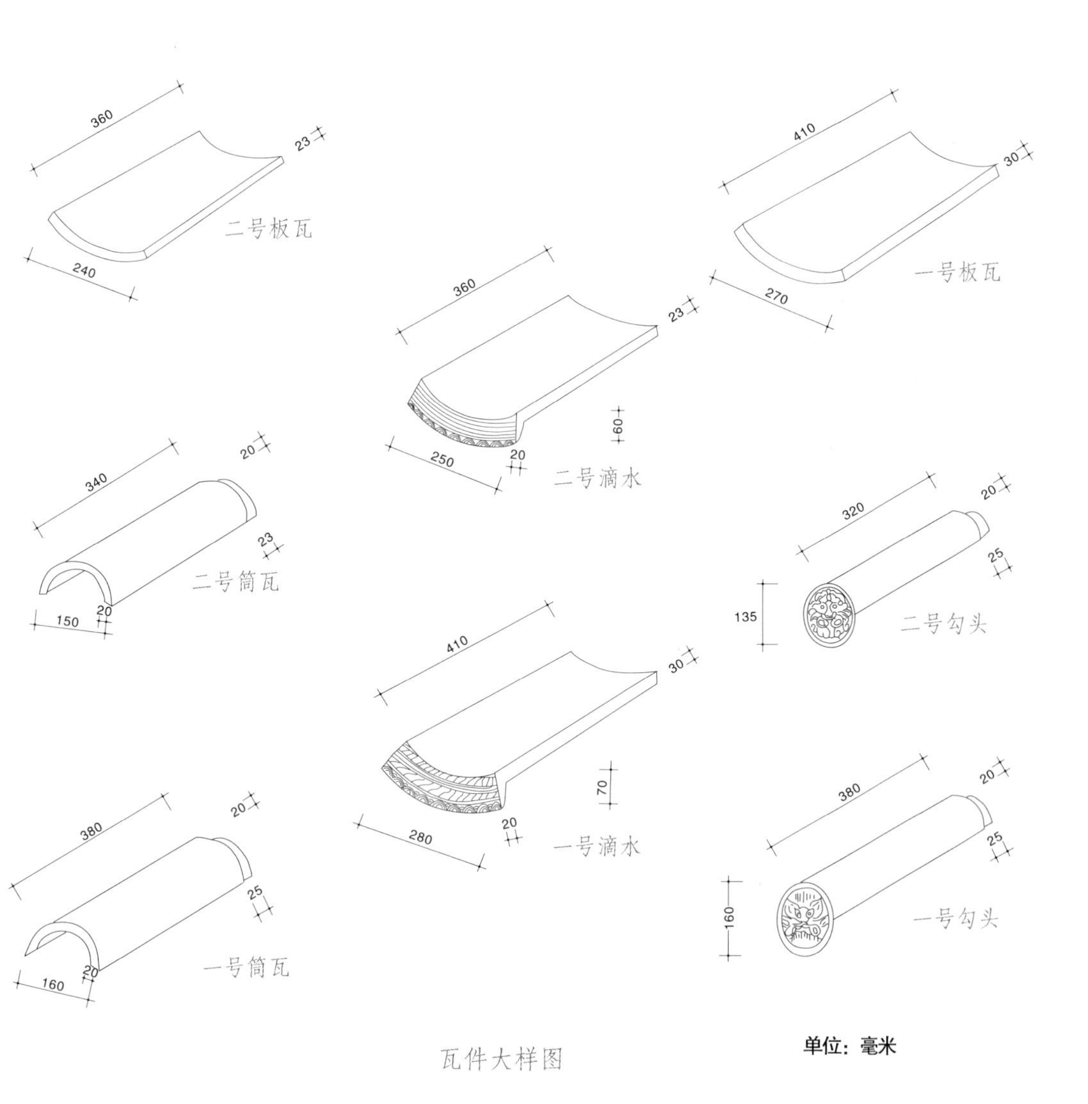

瓦件大样图

单位：毫米

《诗经·斯干》曰：“乃生女子，载寝之地，载衣之裼，载弄之瓦。”古代将生女儿称之为“弄瓦”，虽有重男轻女的意思，但也从另一个侧面说明西周时期的建筑中已经使用了瓦。坂瓦的出现早于筒瓦、勾头和滴水。筒瓦扣在坂瓦之上，以利排水。

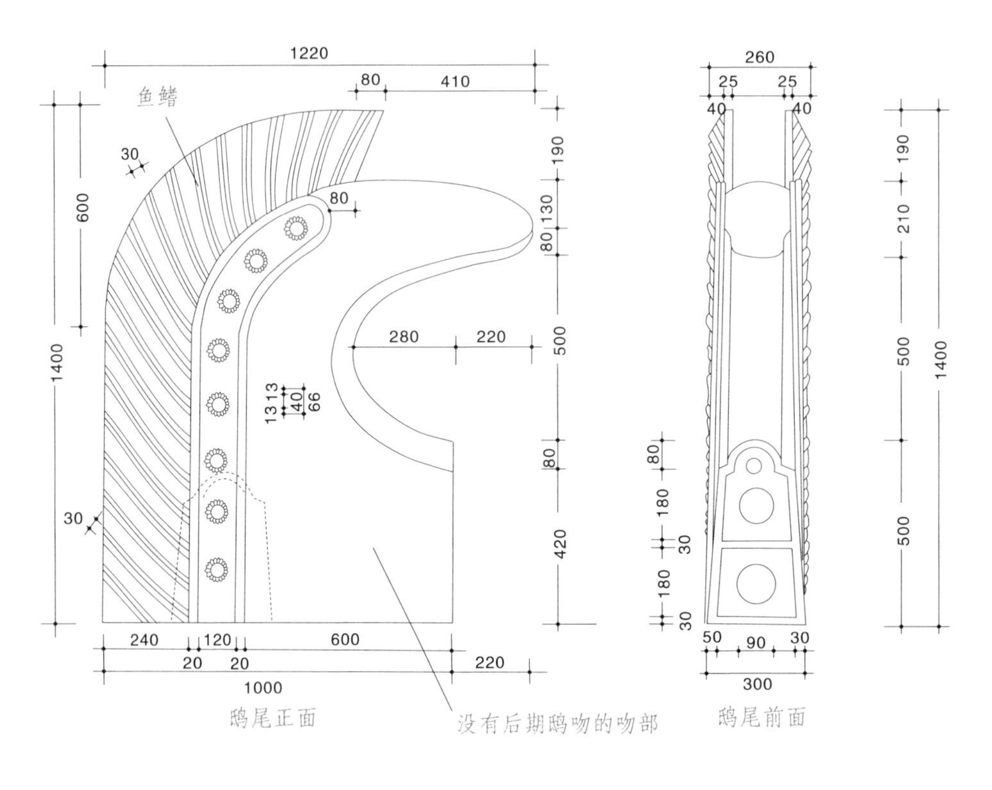

鸱尾正面　　没有后期鸱吻的吻部　　鸱尾前面

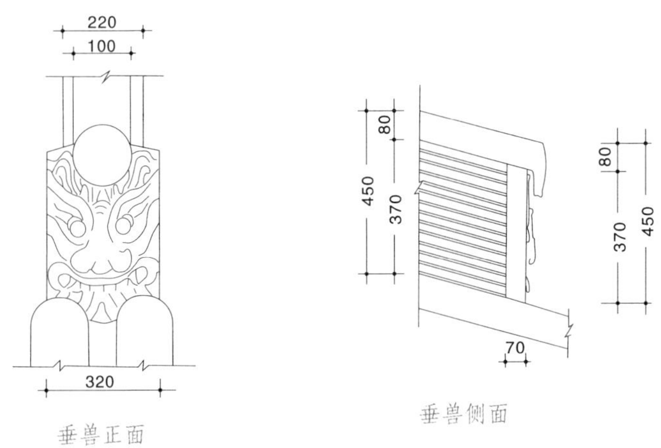

垂兽正面　　垂兽侧面

图中是南禅寺大殿屋顶上的两个基本构件——鸱尾和垂兽。鸱尾更多地保留了汉代以来的“鱼形吻”形象，是最早的屋顶艺术形象实例。垂兽与后期建筑瓦顶艺术做法完全不同，因此有人称之为“兽面”。

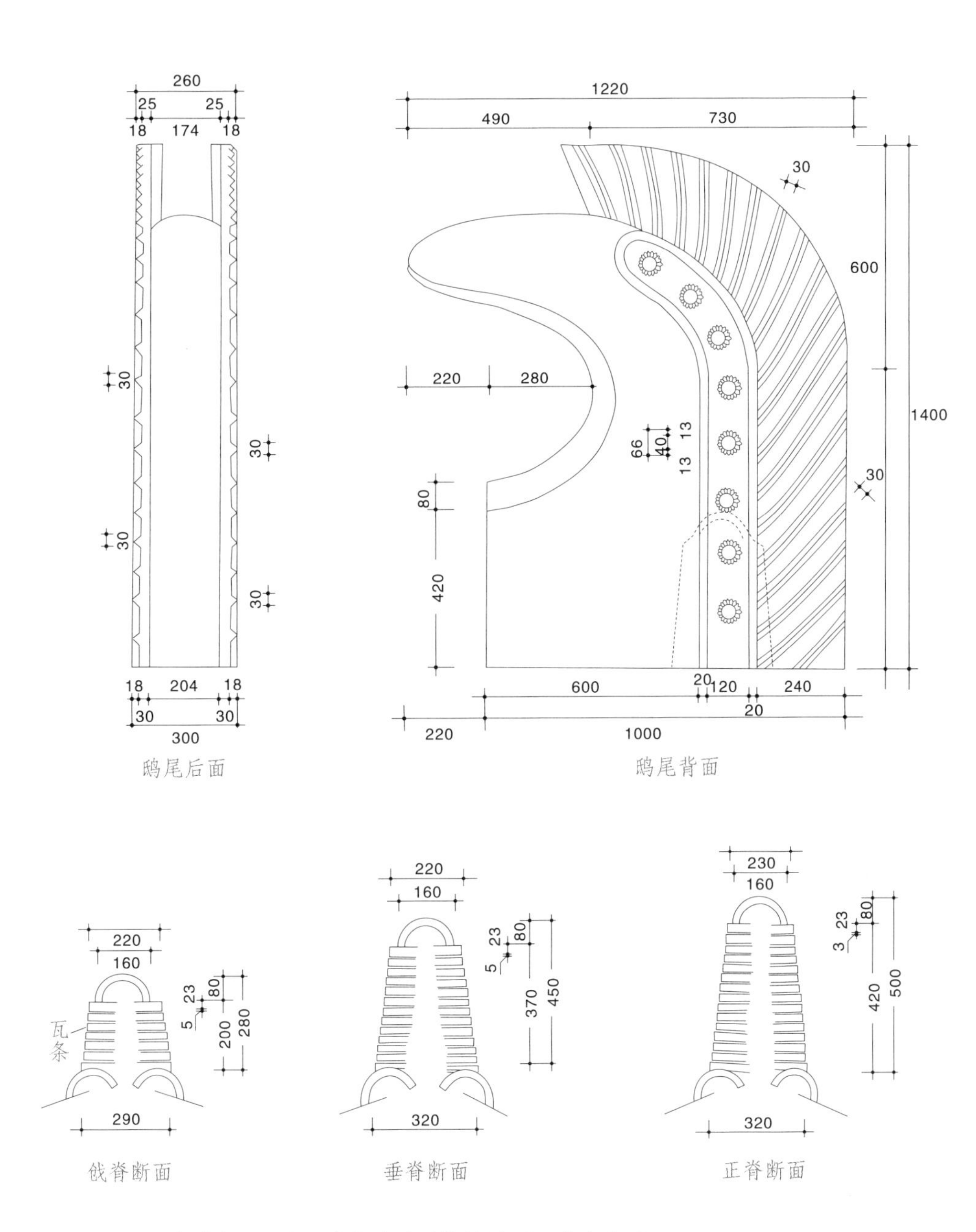

鸱尾后面　　鸱尾背面

戗脊断面　　垂脊断面　　正脊断面

单位：毫米

南禅寺大殿的瓦脊与明清时期的屋顶瓦脊完全不同。此大殿的所有屋脊均为瓦条脊，即只用板瓦砌筑而成。而从元代开始，建筑屋顶已经使用预制的脊筒子。

释迦佛左右塑胁侍阿难、迦叶二弟子像。迦叶满脸沧桑，布满皱纹，显得久经风霜和世故；阿难则年轻干练，清秀文雅，一老一少形成鲜明对比。两次间分置文殊与普贤二尊菩萨像，文殊头戴花冠，身披莲形披肩，坐于狮背莲花座上，旁有拂菻牵狮；普贤面部贴金，耳垂玉环，花冠下卷发高束，端坐于象背莲台之上，前有獠蛮引象开路。两旁还有胁侍菩萨和供养菩萨六尊，花冠高束，双眉弯长，肌肤细腻白皙，嘴唇娇嫩红润，肢体丰满，形态舒展生动，耳若有闻，心若有思，其造型风格与敦煌唐代彩塑极为相似。佛坛正前方有二童子像，上身赤裸，只披一条长巾，下身穿裤，腰系短裙，赤脚站立，双手合十，似跑似站，侧身回首，仰望着佛祖。一对活泼可爱、憨态可掬的人间顽童形象被塑造得栩栩如生。佛坛两侧各有护法金刚像一尊，身穿铠甲，头戴战盔，恰似能征惯战的人间大将军，威武而亲切，是唐代彩塑中不可多得的精品。

八、附属文物

1. 塑像

大殿内共有唐代彩塑 17 尊，为建殿时同期塑作，是中国现存寺观彩塑中年代最古老的作品，已经有 1200 多年的历史。佛坛中央佛座为金刚须弥座，主像释迦牟尼佛双腿盘曲结跏趺式端坐其上，面相圆润丰满，双眉细长弯曲，中有一痣，双目下垂，鼻梁挺直端正，嘴唇宽厚，嘴角微翘，两耳厚重而下垂至肩。头部发型为螺旋卷发，对称整洁盘扎于头顶。身上袈裟宽松洒脱，衣纹自然，垂落于佛座之下，前胸袒露，右臂上举，左臂下垂，手势作禅宗拈花手印。佛祖那种有容乃大的胸怀，天上地下唯我独尊的气概，慈悲为怀、救世济人的品性，被刻画得淋漓尽致。

南禅寺大殿佛塑

文殊塑像

普贤塑像

童子像

供养菩萨彩像

造型艺术中，塑造人物形象的最高要求是气韵生动，是传神，这在很大程度上取决于人物眼神刻画的成功与否。东晋艺术家顾恺之说：“四体妍媸，本无关于妙处；传神写照，正在阿堵中。”（刘义庆《世说新语·巧艺》）这句话精辟地说明了作为人类心灵窗户的眼睛，对深入揭示人物丰富的内心世界与复杂的性格特征所起的作用。南禅寺彩塑之所以能在艺术上占有极高地位，对人物眼神的成功刻画是其主要原因。古代匠师深知“二目乃日月之精，最要传其生动”以及“情发于目”的道理，对不同对象采取不同手法进行塑造，对于人物眼睛千变万化的表现更是不遗余力，精心描写、塑造、刻画，使一尊尊栩栩如生的形象脱壁而出，达到了“观其眸子，可以知人”（道元《景德传灯录》）的艺术高度。虽然在艺术创作中，“手挥五弦易，目送归鸿难”（刘义庆《世说新语》），但在古代匠师手中，佛祖的慈眉善目，菩萨的明眸善睐，金刚的怒目裂眦，均表现得恰到好处。

2. 题记

大雄宝殿当心间西缝梁架平梁底皮有重要墨书题记："因旧名时大唐建中三年岁次壬戌月居戊申丙寅朔庚午日癸未时重修殿法显等谨志。"按照《三千五百年历日天象》"合朔满月表"推算，农历建中三年六月十五日的干支恰好为丙寅，就是说"大唐建中三年岁次壬戌月居戊申丙寅朔庚午日癸未时"的具体时间为公元 782 年 7 月 29 日 13 时，距今 1200 多年。

题记书写在大梁土朱刷色的底皮表面，大梁仍为唐代原构件。题记内容是一次规模较大的"落架重修"。现存大殿内断面圆形的柱子中，可能有几根为这一次维修时所更换。其中前檐当心间西柱内侧，尚保留着宋政和元年（1111）游人墨书题记，这些题记足以证明南禅寺大殿的文物价值。

梁架题记：大唐建中三年……

梁架题记十分重要，是我们判断建筑时代的最直接的文献资料，但并不是唯一资料。当梁架题记无法成为现存建筑时代归属的佐证时，考察现存建筑风格和细部特征，就成为古建筑折年断代的首选。

3. 佛坛

大殿内佛坛为须弥座形式，长 840 厘米，宽 630 厘米，高 70 厘米。四周有多幅砖雕，刻有飞禽走兽以及卷草、牡丹、莲瓣等花纹图案，是唐代砖雕艺术的珍品。

佛坛及砖雕图案

南禅寺大殿中的坛与《营造法式》中的须弥座造型十分相似。坛至迟在商代就已经出现，不过当时坛为土筑。古代文献中多有记载坛的文字，如《史记·陈涉世家》："为坛而盟，祭以尉首。"

4. 石塔

寺内保存有一座五层楼阁式小石塔，雕刻瓦檐、斗栱。屋顶缺失，残高 51 厘米，平面呈方形，底边长 26 厘米。每层各面均雕刻佛像，为北魏石雕艺术珍品。

贰

芮城广仁王庙大殿

广仁王庙大殿

祠庙与佛教建筑不同，供奉的是神仙或某些有功德的名士，如五龙庙是纪念龙王，太原的晋祠是纪念圣母娘娘等等，地方色彩非常突出。

广仁王庙，位于山西省芮城县城北4千米处的中龙泉村，又称五龙庙，坐北朝南，占地面积近4000平方米，现存大殿(龙王殿)、戏台等建筑。庙宇创建于唐代，现存大殿为唐大和六年（832）遗构，比南禅寺大殿晚50年，比佛光寺东大殿早25年，是现存唯一一处唐代地方祠庙建筑，为第五批全国重点文物保护单位。

大殿又称龙王殿，面阔五间，进深三间，单檐九脊歇山屋顶，前檐当心间开板门两扇，次间为破子棂窗，梢间两山及后檐青砖墙体砌至阑额之下。查考县志等历史文献，广仁王庙鲜有记载，但庙内保存了唐代碑碣2通、清代碑碣3通，其中唐元和三年（808）《广仁王龙泉记》、唐大和六年（832）《龙泉记》记载了县令凿池通渠、兴修水利以及修建庙宇之事。

由唐碑记述可知，唐元和三年（808）修筑龙泉池，建祠宇，庙内供奉龙王。唐大和五年（831）秋至六年（832）春，遇到旱灾，县吏祈祷得到应验，天降甘雨，遂命乡人修建了五龙庙。庙宇的始建年代为唐元和三年（808），大和六年（832）重建。如今遗存的大殿当是唐大和六年（832）的遗物。之后乾隆十年(1745)、嘉庆十七年(1812)、光绪三十二年(1906)、1958年均对广仁王庙进行了重修。

5700 35600 6450

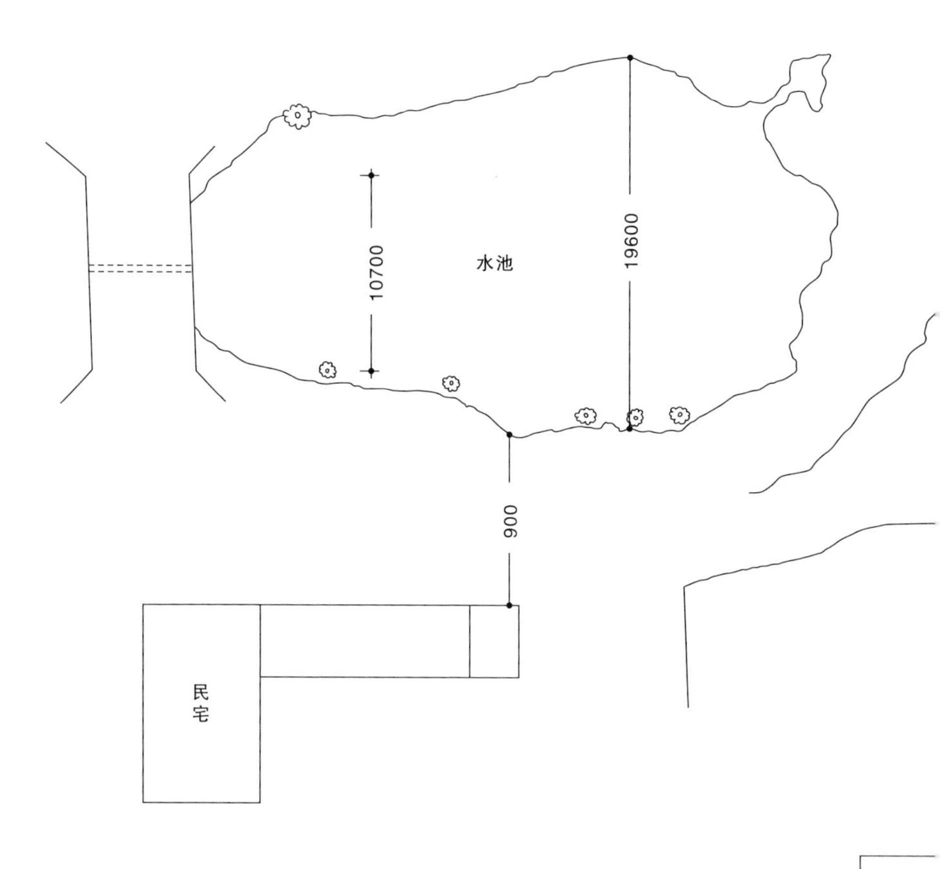

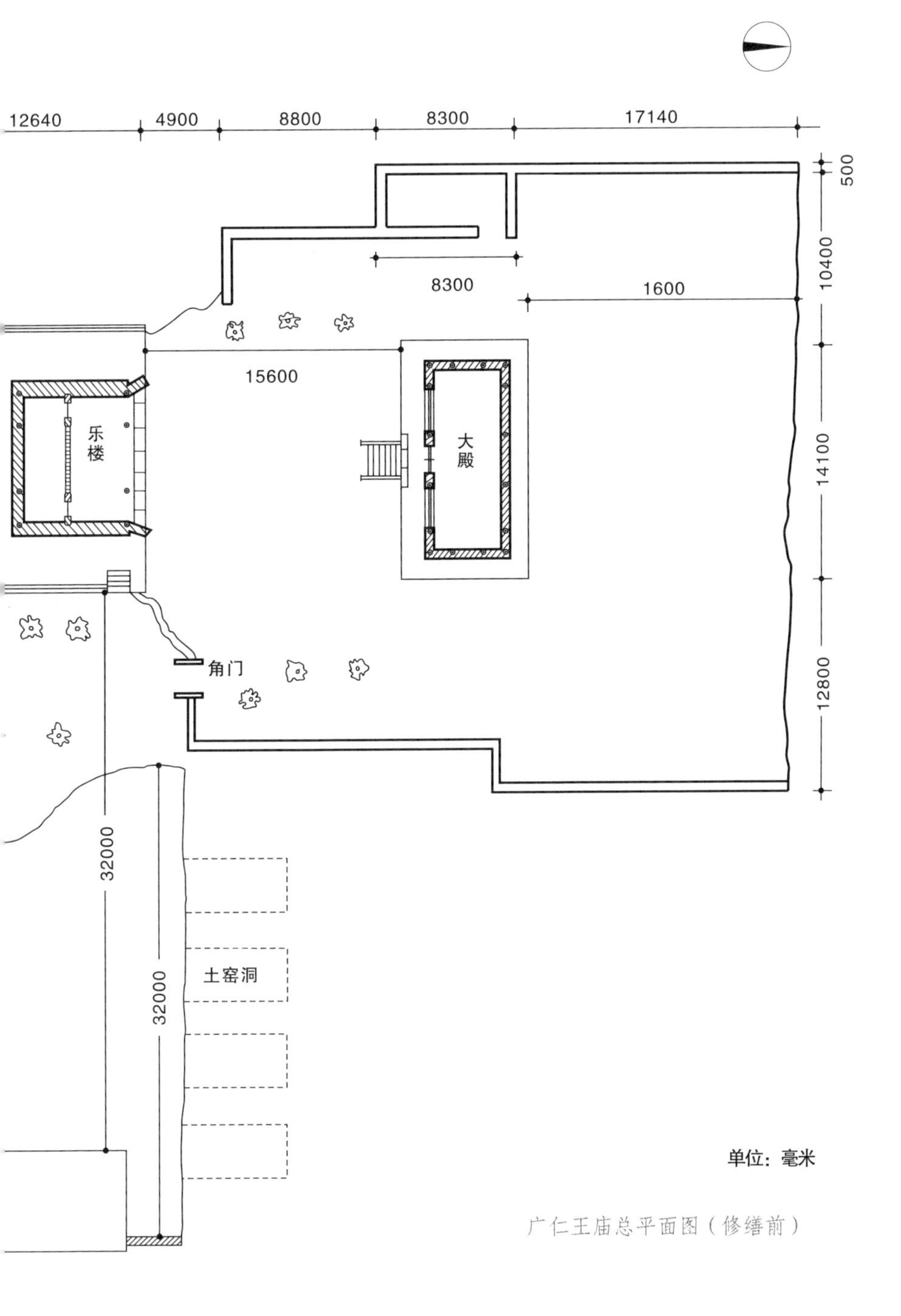

广仁王庙总平面图（修缮前）

大殿三维俯视图

此鸱吻与唐南禅寺大殿的鸱尾完全不同，已经是明清时期风格。

套兽在《营造法式》中已有记载。相传套兽为龙种，为“龙生九子”之一，称“蒲牢”，也称“流龙”。

修缮后的正脊保持了修缮前的形式，仍然采用明清时期的脊筒子。

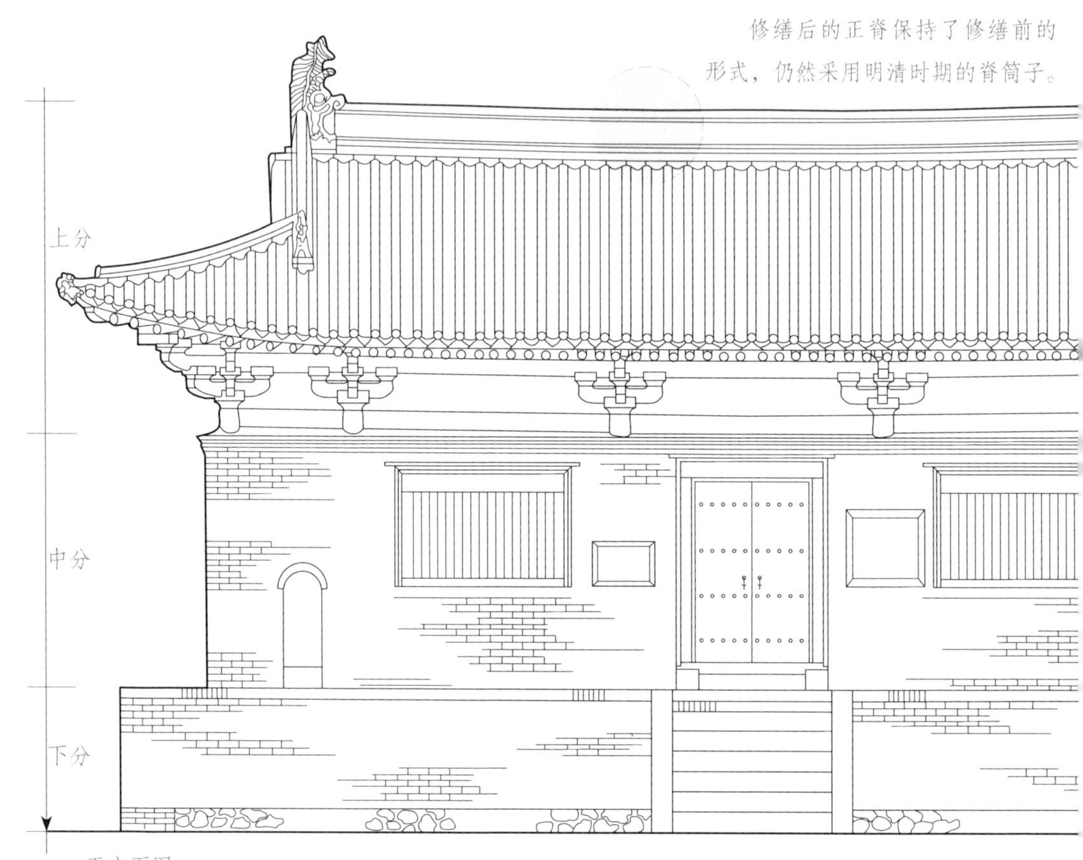

正立面图

北宋都料匠喻皓在他的《木经》一书中说："凡屋有三分：自梁以上为'上分'，地以上为'中分'，阶为'下分'。"这三部分，成为中国古代建筑单体结构的固定模式。

一、立面造型

全殿由台基、屋架、屋顶三部分组成。面阔五间，建于方整的台基之上。正面当心间设板门，两次间窗心为 16 根破子棂窗。屋顶为单檐歇山顶，上覆灰布筒板瓦，一条正脊、四条垂脊、四条戗脊共九脊。原鸱吻已缺失，现存鸱吻为后期修缮时复原样式。

其屋顶坡度较为平缓，斗栱硕大，出檐深远，具有明显的晚唐建筑特征。

大殿侧前方远视

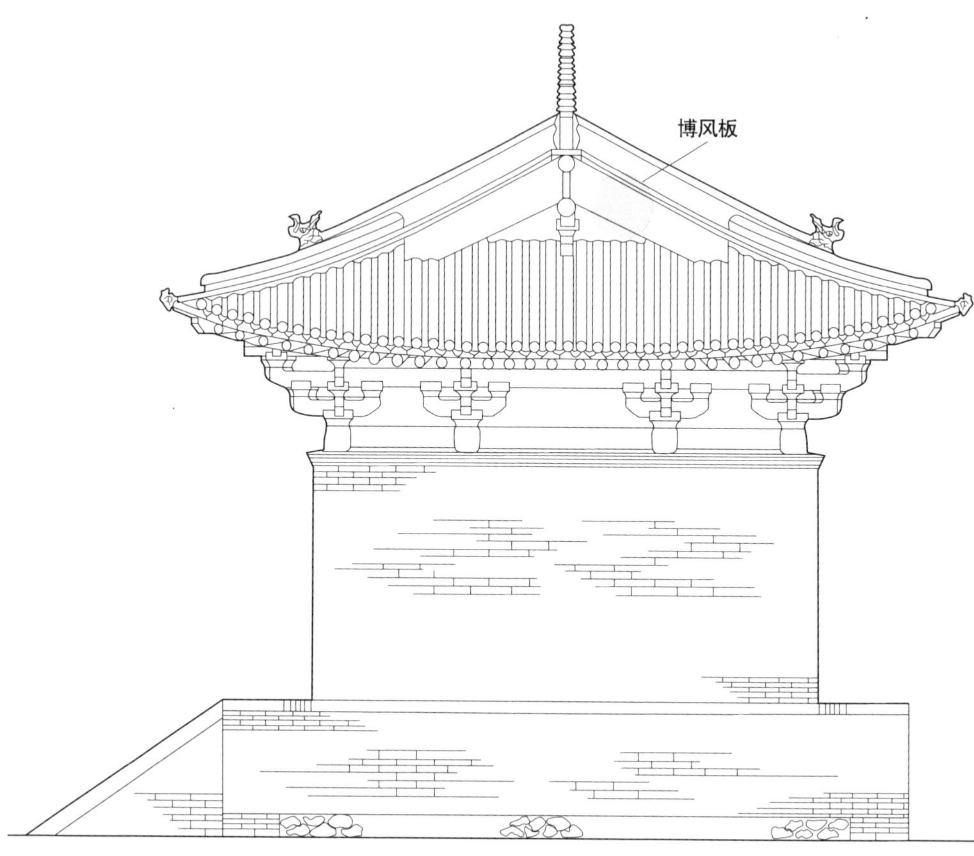

侧立面图

烧制砖在西周时期便已出现，当时只用于铺地，即使到了宋金时期，也没有大量使用在墙体。鉴于修缮前此大殿已为砖墙体，所以修缮后仍保持了原有的形式。

二、平面布局

大殿面阔五间，进深四椽，四周用檐柱 16 根，无内柱。平面为长方形，通面阔是通进深的 2.3 倍，其梢间尺寸仅相当于一椽跨距，间广不及当心间之半。这种长方形平面比例，在敦煌石窟隋代第 433 窟、盛唐第 172 窟北壁、中唐第 361 窟、五代第 146 窟的壁画中都有发现，是唐代木结构建筑遗存中进深与面阔比最小的一个实例。

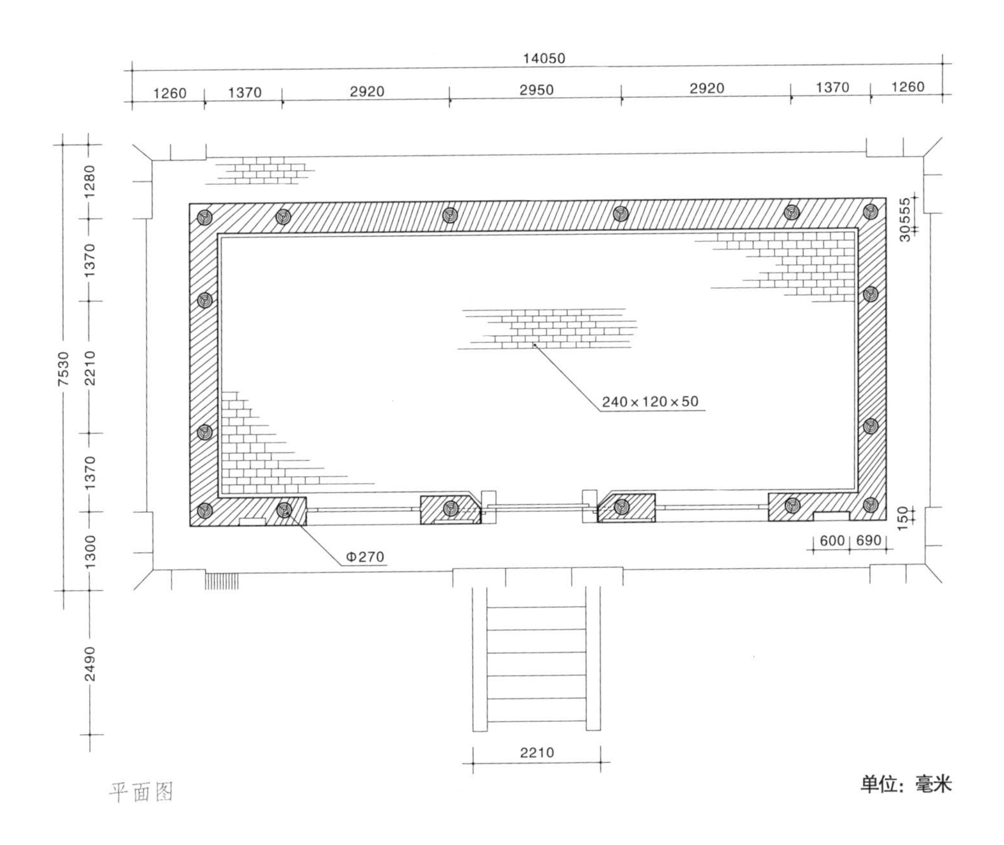

平面图

面阔与进深的比例是我们考察建筑年代的依据之一。通常讲，面阔与进深接近正方形或者是正方形的为早期建筑，但此建筑明显是长方形，进深远远小于面阔，是现存唐代建筑中的孤例。

内部梁架透视

纵向梁架

三、梁架

1. 横断面

大殿梁架结构属于《营造法式》中“四架椽屋通檐用二柱”厅堂式样，殿内用 4 根大梁通搭于前后檐柱，前后屋顶架于四椽栿之上。四椽栿上置驼峰、托脚以承平梁，再置叉手、蜀柱等承托脊槫。四椽栿两端梁头砍成华栱形制，插入前后柱头斗栱内，形成第二跳华栱。

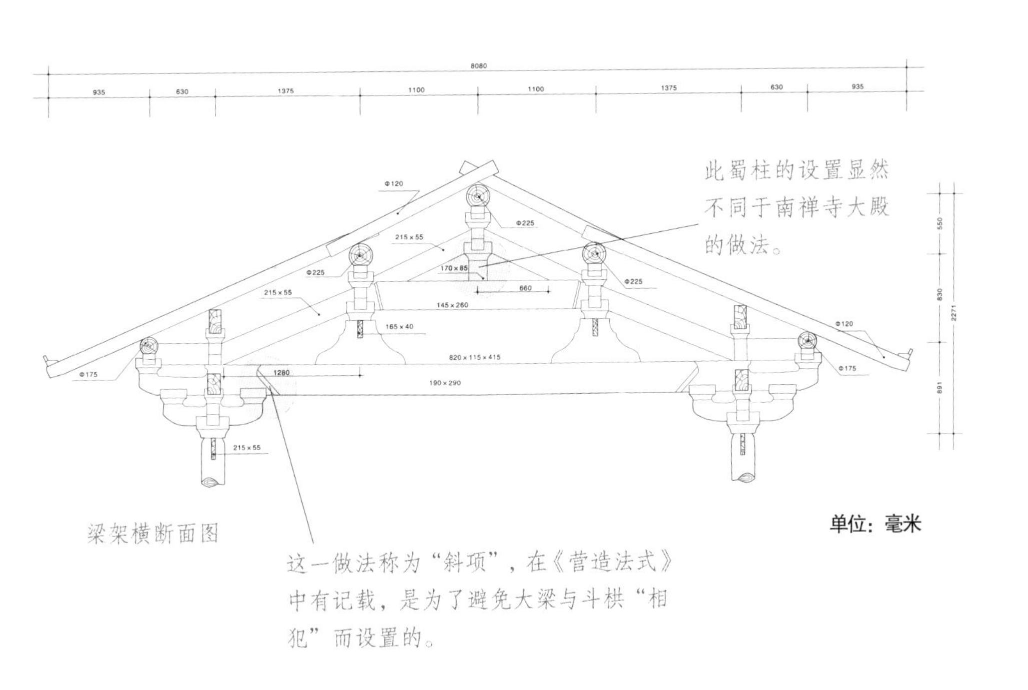

梁架横断面图

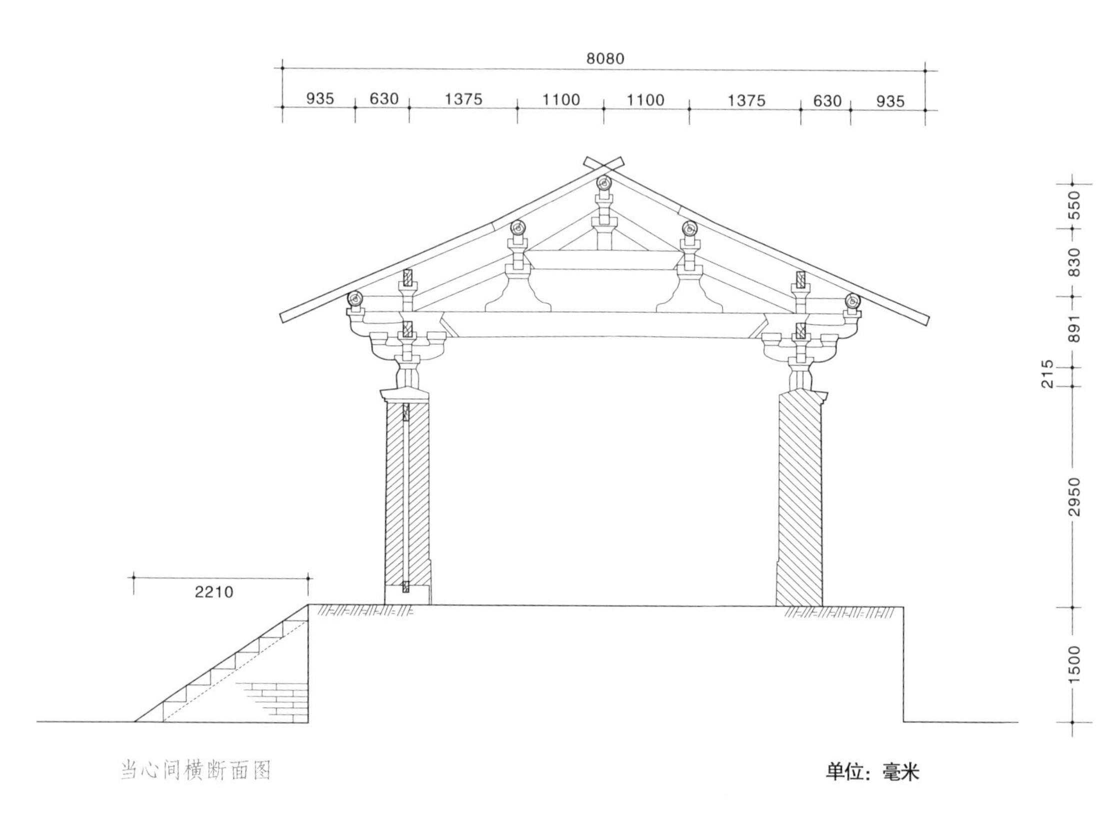

当心间横断面图

单位：毫米

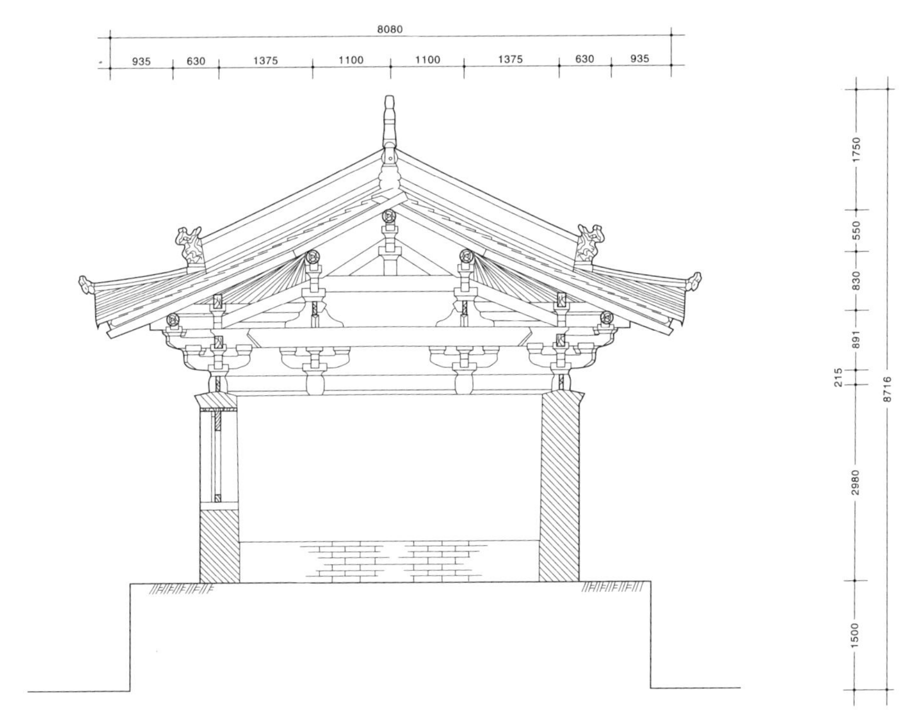
8080
935
630
1375
1100
1100
1375
630
935
1750
550
830
891
215
2980
1500
8716

次间横断面图

单位：毫米

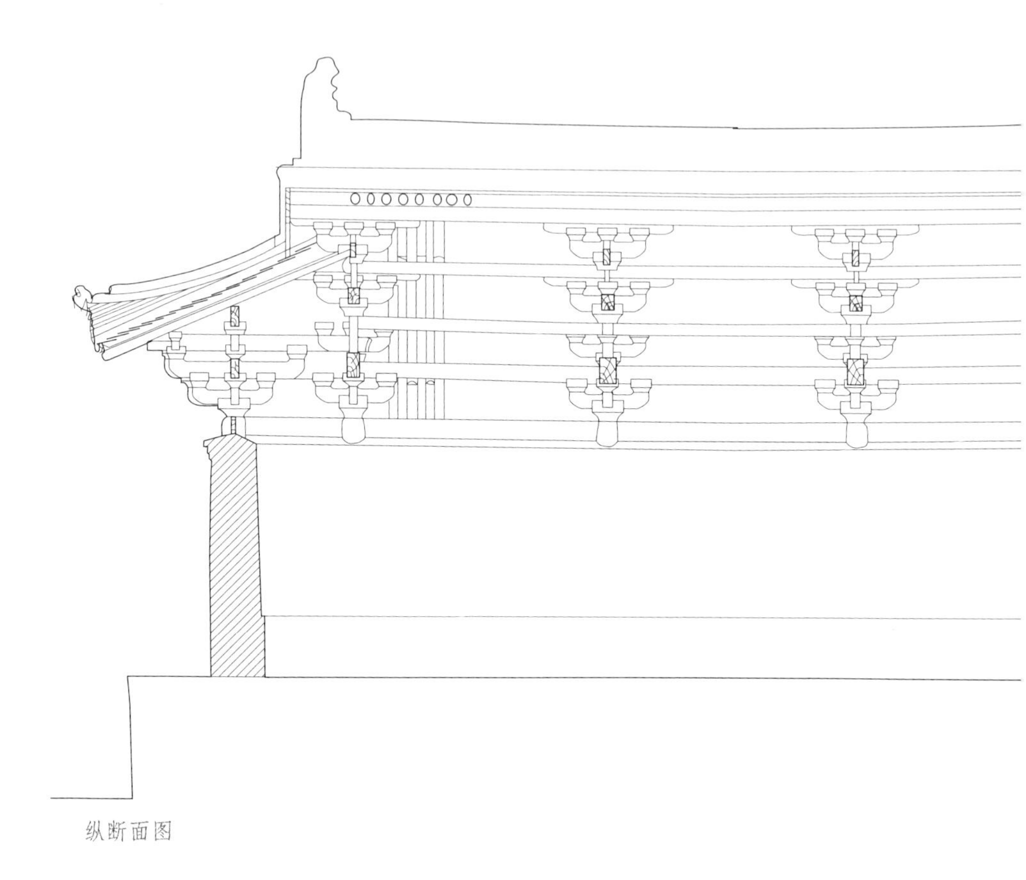

纵断面图

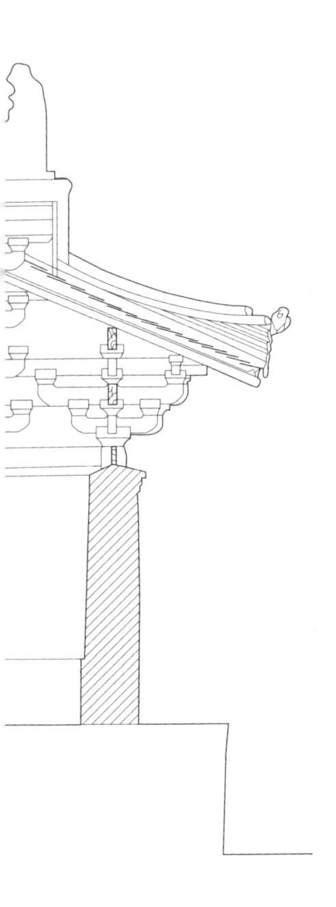

2. 纵断面

前后纵断面结构相同，各缝梁架之间设置脊槫、平槫及撩风槫，平槫下设置襻间枋，其两端与驼峰连接。根据现存结构分析，此襻间枋可能为后人修缮时添加，并非原物。东西两山各用2根丁栿与山面柱头联系，丁栿头部伸向檐外搭交于斗栱之上，制作成衬方头，直抵梢间檐槫。丁栿水平搭在四椽栿上，尾部出头制成耍头样式。两山无阖头栿构架，梢间平梁外侧上方设枋木，之上搭接山面檐椽椽尾。这种大木做法属于晋南地区的一种地方做法。

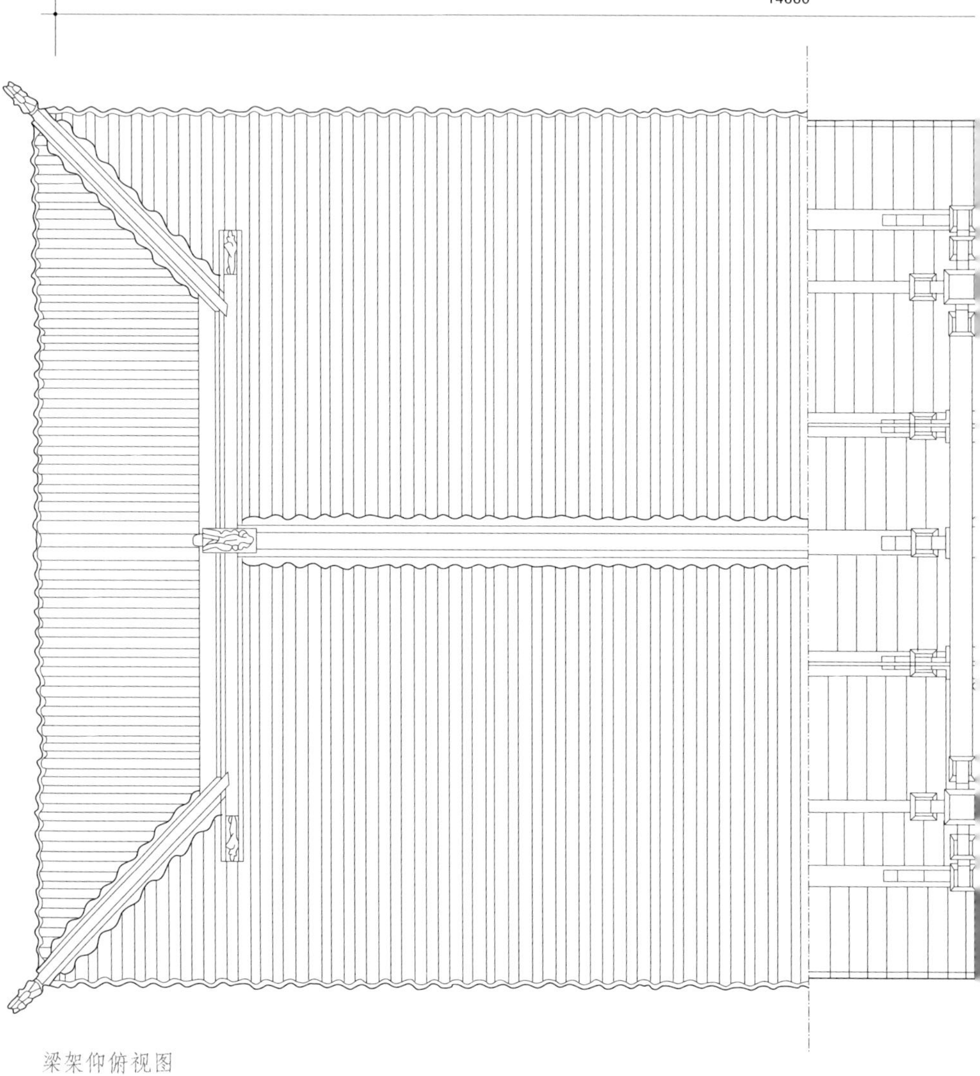

梁架仰俯视图

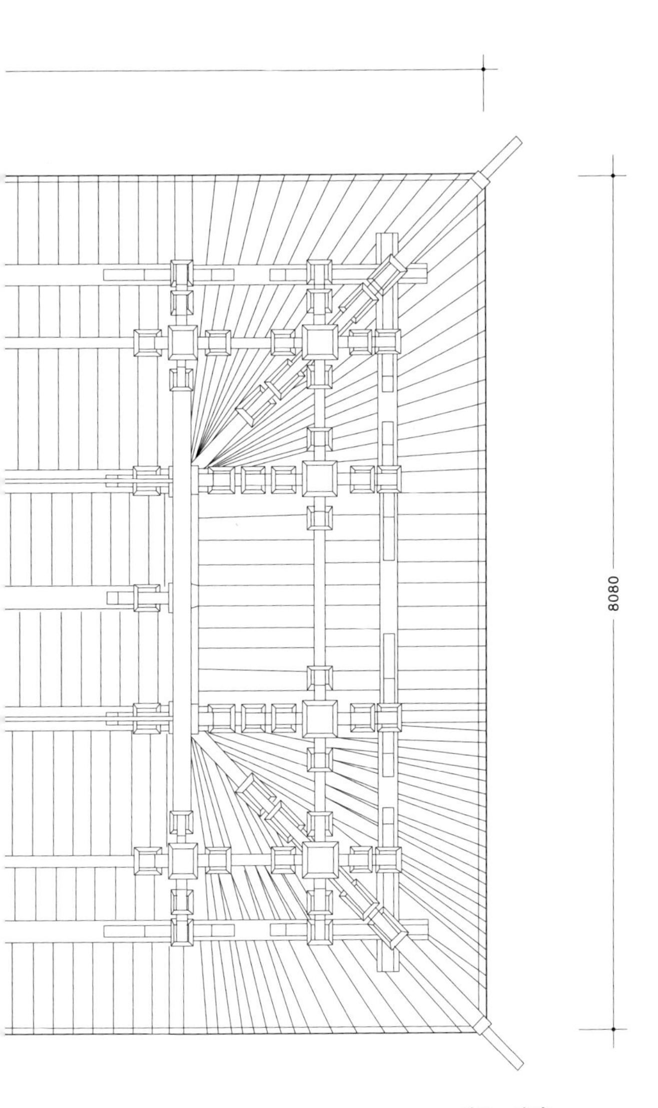
8080
单位：毫米

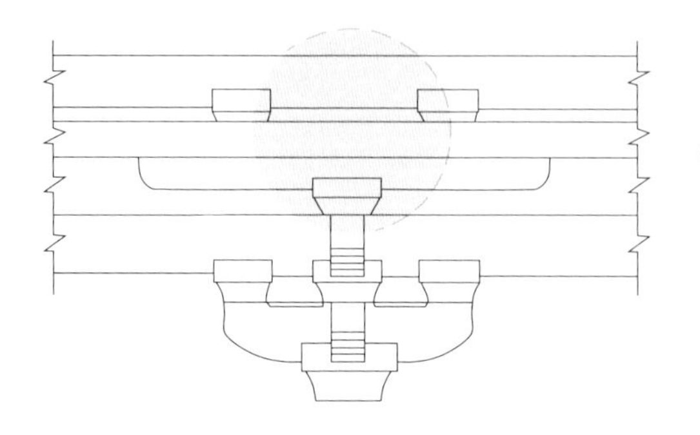

单斗只替形式，也是最原始的结构做法。

正立面图

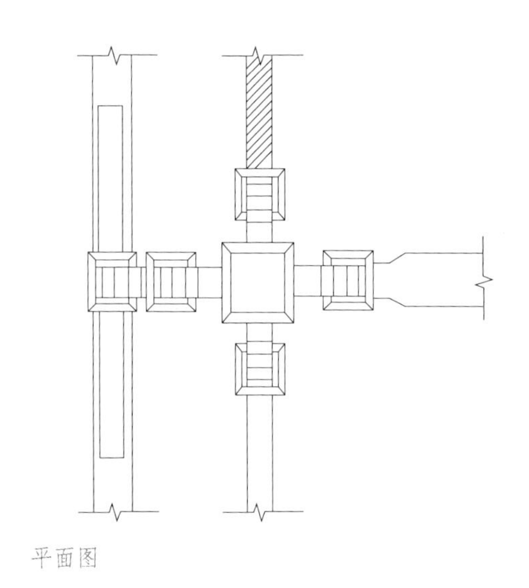

平面图

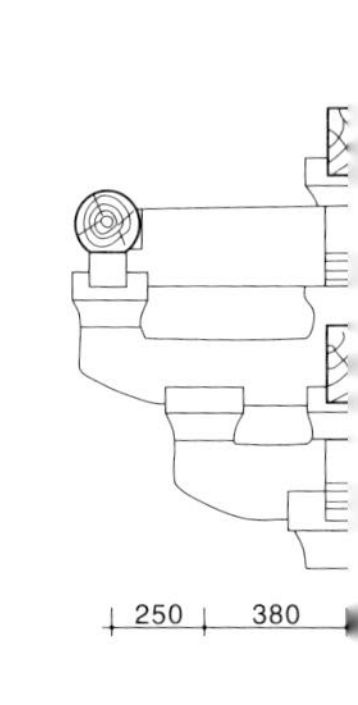

侧立面图

柱头斗栱大样图

四、铺作

斗栱皆用于柱头，外檐形制相同，无补间铺作，结构及制作手法与南禅寺大殿相近。

1. 柱头斗栱

五铺作双杪偷心造，未施令栱及耍头，仅用类似单斗只替结构。前后檐二跳华栱由四椽栿伸出制成，承替木及撩风槫，华栱里转一跳承四椽栿。柱头栌斗口横出泥道栱，上施素枋，枋上又施令栱，栱上承压槽枋，与同期实例做法不同。

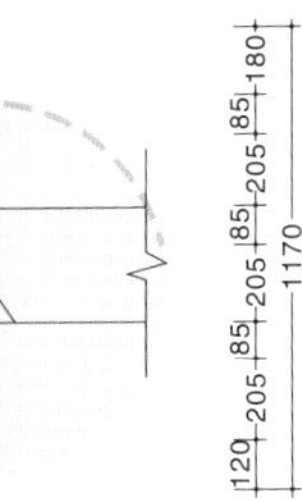

由于梁栿较厚，宋式建筑的直梁造在梁栿的端部，加以处理，以免与散斗的上角相抵触。

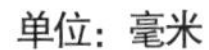
单位：毫米

外檐柱头斗栱

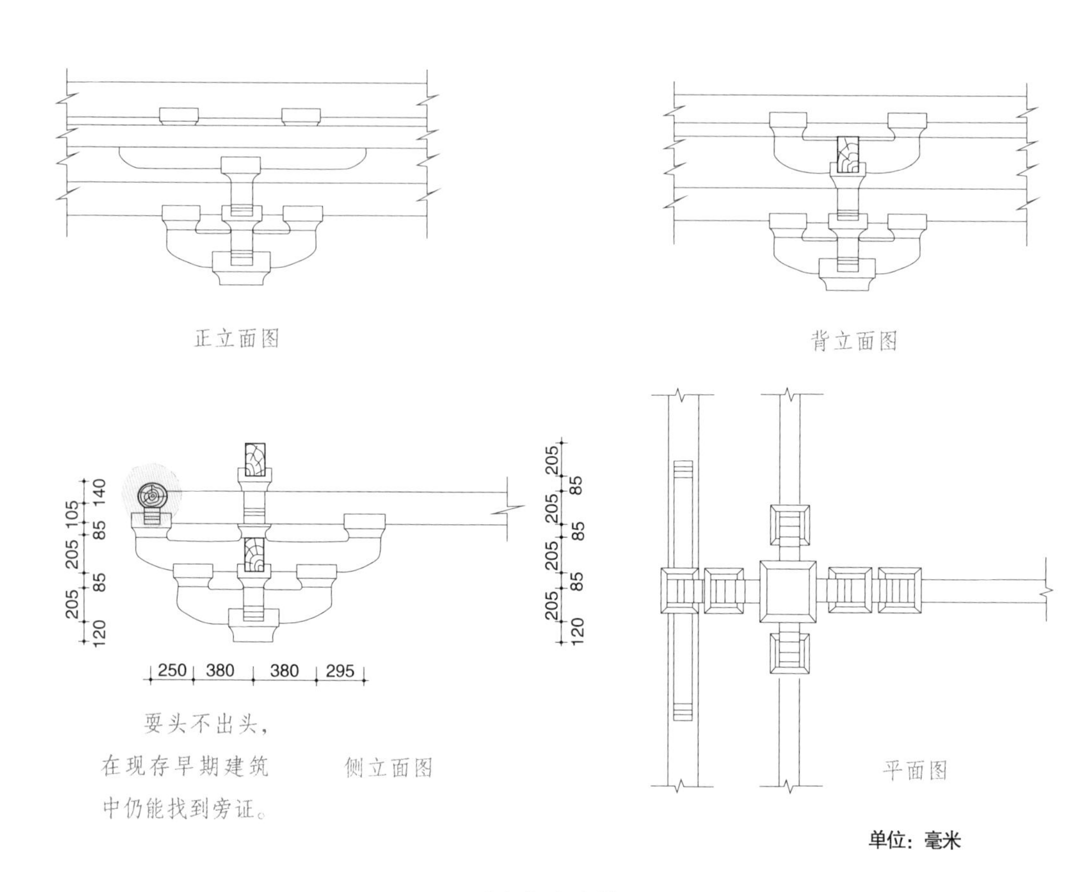
正立面图
背立面图
140
105
85
205
85
205
120
205
85
205
85
205
85
205
120
250
380
380
295
耍头不出头，
在现存早期建筑
中仍能找到旁证。
侧立面图
平面图
单位：毫米

两山柱头斗栱

2. 东西两山斗栱

五铺作双杪偷心造，未施令栱及耍头，单斗承替木。里转出双杪内承丁栿，与前后檐制作手法略有不同。

山面柱头斗栱

无补间斗栱。柱头铺作为双杪五铺作偷心造，交互斗上有修长替木，做法和平顺龙门寺西配殿基本相同。有阑额而无普拍枋，为唐代木构建筑的特征。

从这个角度看，单斗只替栱枋重复结构一览无余，这些做法均为早期建筑的时代风格。

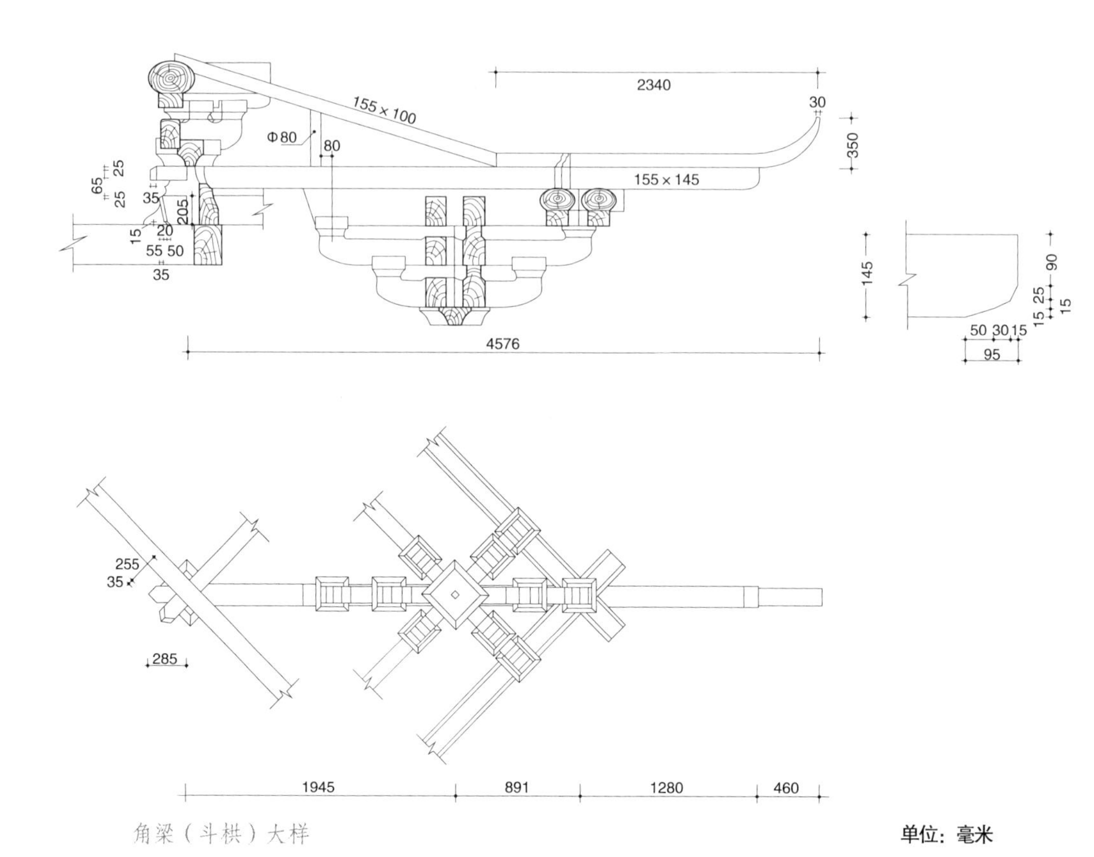

2340
30
155 × 100
Φ80
80
350
155 × 145
25
65
25
35
205
15
20
55 50
35
4576
145
90
25
15
15
50 30 15
95
255
35
285
1945
891
1280
460

角梁（斗栱）大样

单位：毫米

3. 转角斗栱

角华栱里外出双杪，里转出二跳承隐衬角栿，外转正身泥道栱与华栱出跳相列，二跳跳头施平盘斗承替木与撩风槫，承托角梁。

4. 斗栱出跳

斗栱一跳 38 厘米，二跳 25 厘米，总出跳 63 厘米，较同期遗构略小。

转角斗栱特写

转角斗栱

为了防止飞禽鸟兽与蚊虫的侵害，文物工作者在转角与四周屋檐加固了护网。早在唐宋时期，古代匠人已经运用这种办法，《营造法式》也有记载，不过当时为竹编。

五、檐出与出际

大殿各檐有椽无飞，与南禅寺大殿同制。前后两山檐出相等，自柱中至椽头为 1.56 米，椽径 9 厘米，柱高 2.88 米。檐出小于天台庵大殿的尺度和《营造法式》中的规定。出际 78.5 厘米，无阏头栿构架，是同期实例中最小者。

转角斗栱与翼角部分

六、屋顶

广仁王庙大殿为歇山式屋顶，梢间木构架，增加丁栿，与平梁成“丁”字，承托出际与山面屋顶。两山面梢间没有阑头栿，只用檐椽尾搭于平梁上方外侧梁枋之上，丁栿起到了剳牵的作用。大殿总举高 1380 厘米，前后撩檐槫中距 6210 厘米，举高与中距之比约为 1 ： 4.5，较《营造法式》中规定的 1 ：3 或 1 ：4 更加平缓。大殿屋檐只设檐椽，不加飞子，前后两山檐出相等，檐出小于天台庵大殿的尺度和《营造法式》中的规定。

屋顶

角翘较大，与南禅寺大殿有着显著区别。在长期的实践中，古代匠人总结出一套口诀：“冲三翘四。翘即角翘。”

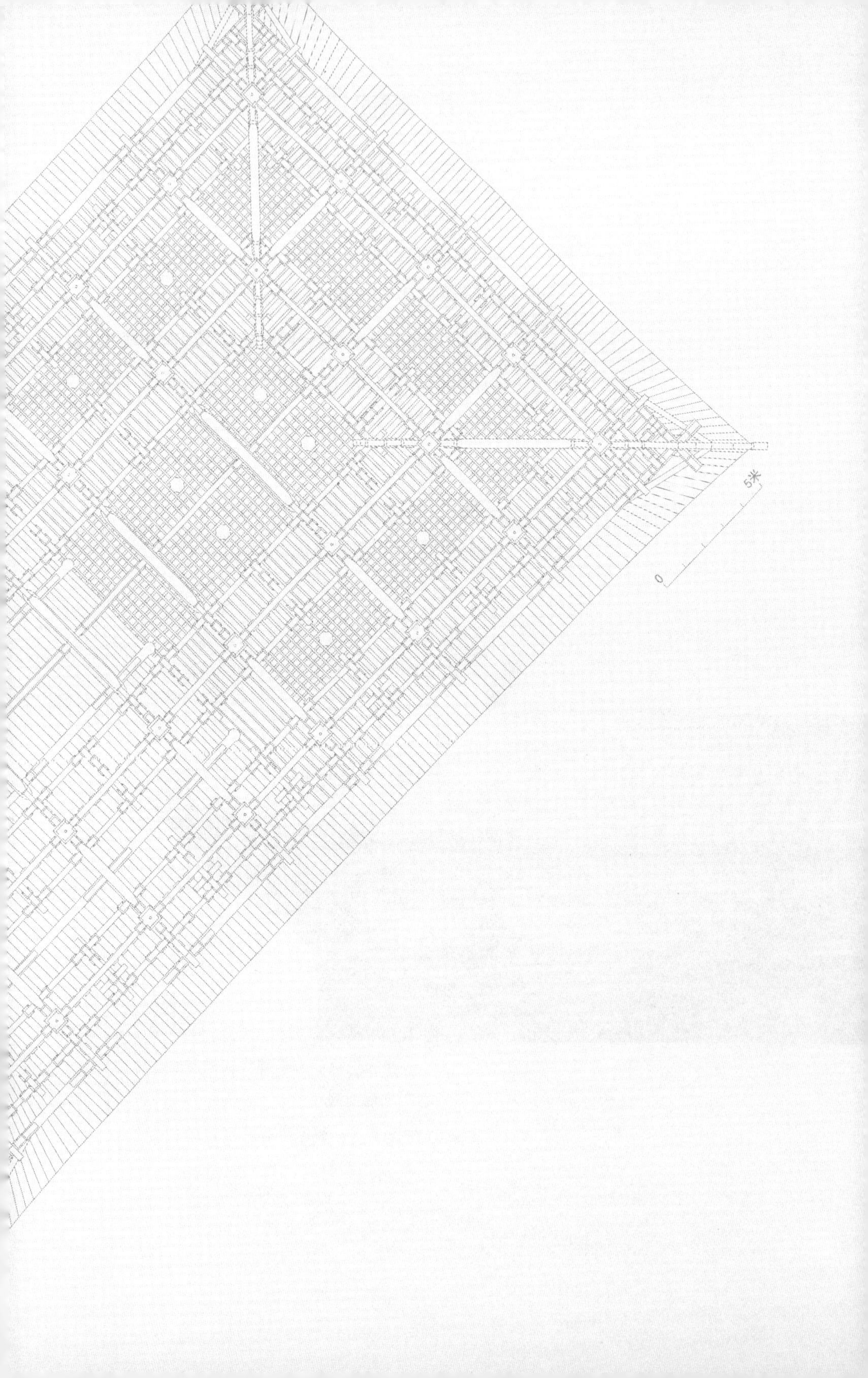

0
5米

一

叁

五台佛光寺东大殿

佛光寺鸟瞰

佛光寺位于山西省五台县的佛光村，距县城约 30 千米。佛光寺建在半山坡上。东、南、北三面环山，西面地势低下开阔。寺因势而建，坐东朝西。全寺有院落三重，分建在梯田式的寺基上。寺内现有殿、堂、楼、阁等建筑。其中，东大殿七间，为唐代建筑；文殊殿七间，为金代建筑；其余均为明清时期的建筑。东大殿建于唐大中十一年（857），从建筑时间上说，它仅次于五台县南禅寺大殿（782）和芮城县广仁王庙大殿（832）。

文殊殿正立面

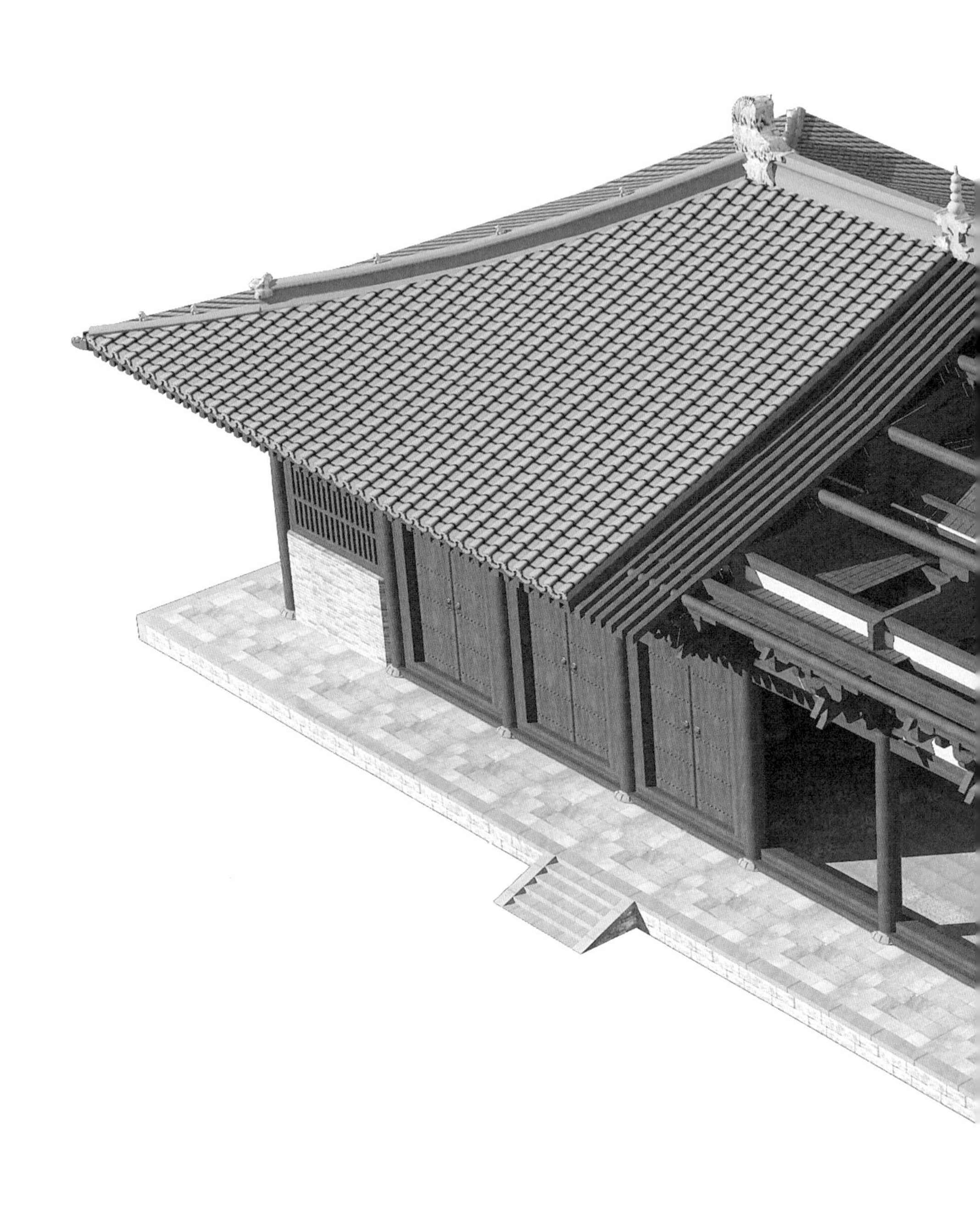

东大殿三维剖视图

由于其宏大的建筑规模及保存完好的唐代雕塑、壁画、题记等，佛光寺成为中国建筑史上的代表性建筑，梁思成先生称之为“中国第一国宝”。

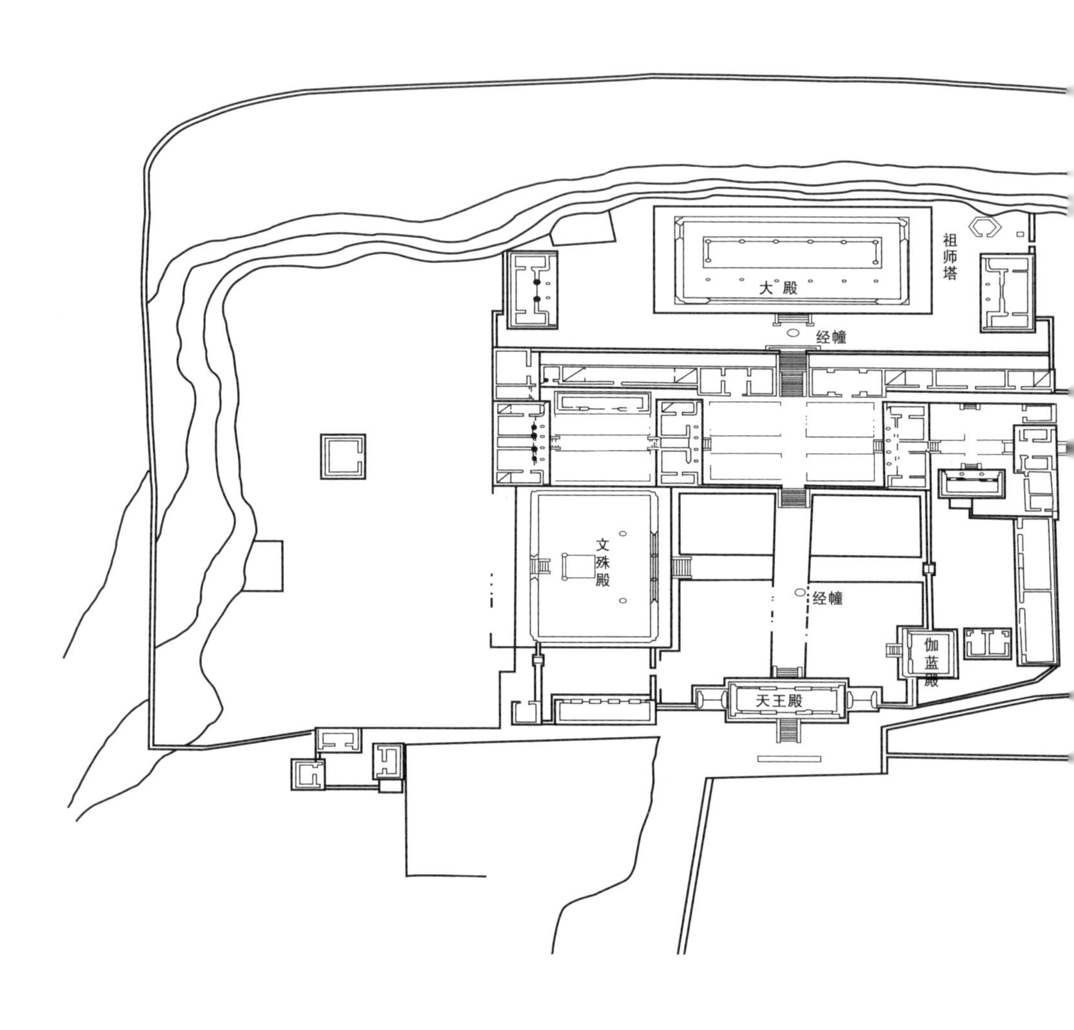

祖师塔
大殿
经幢
文殊殿
经幢
伽蓝殿
天王殿

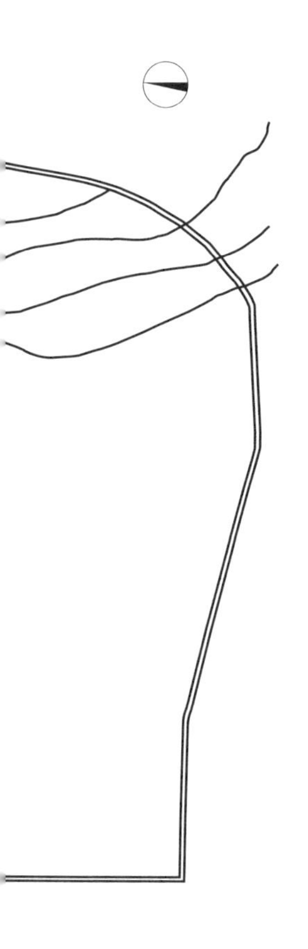

东大殿远景

东大殿侧前方仰视

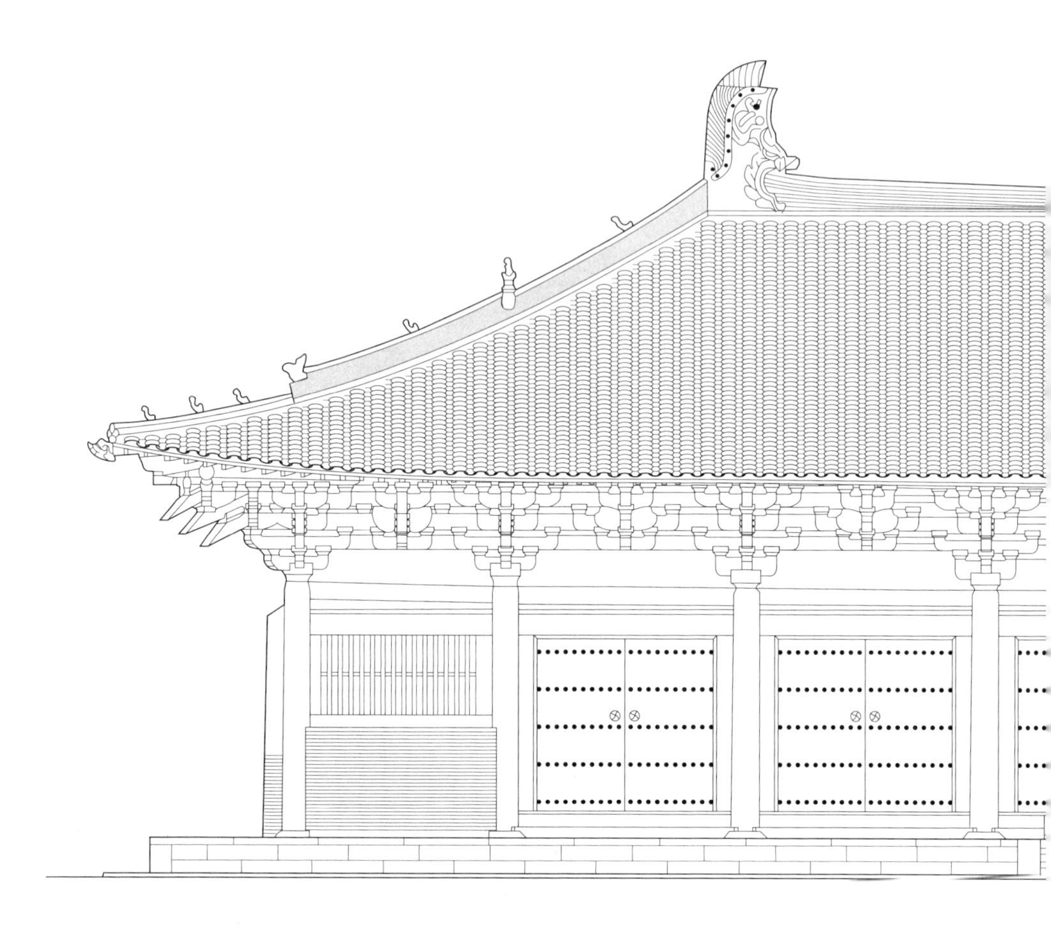

正立面图

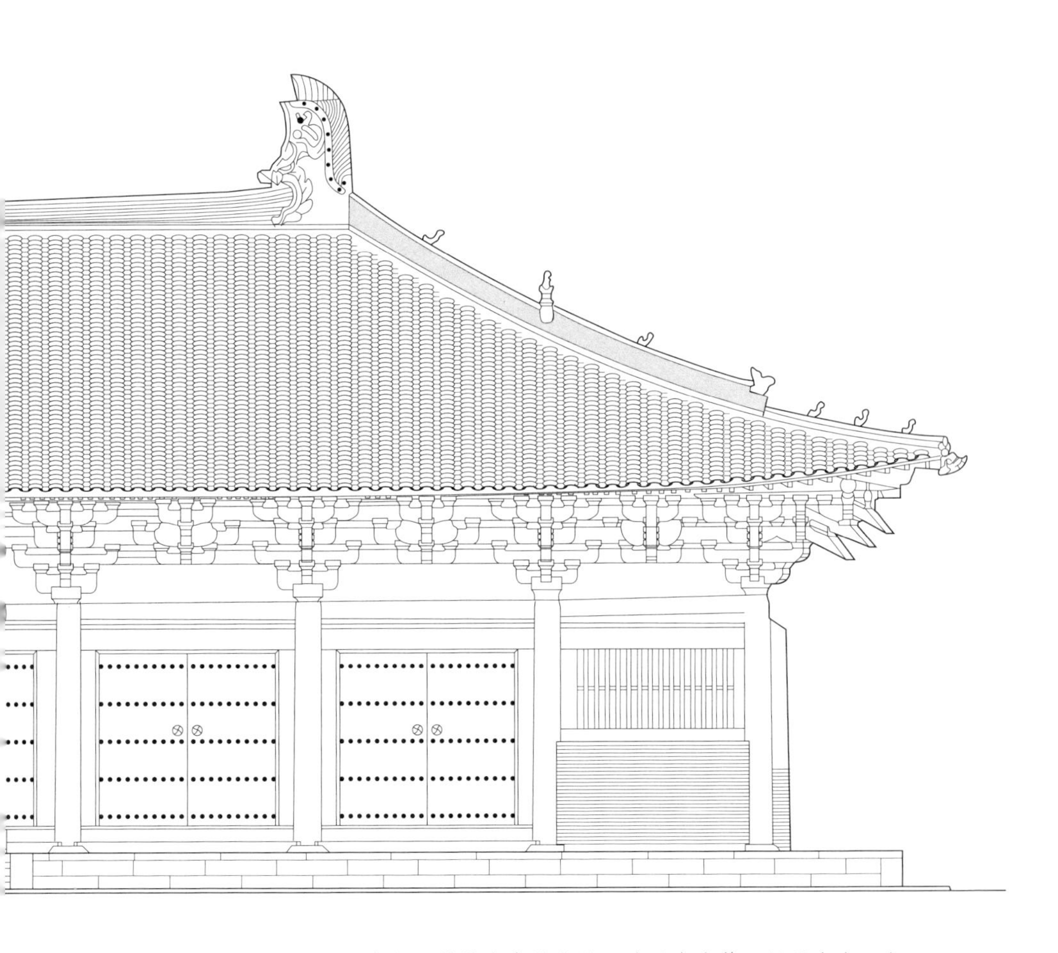

东大殿是佛光寺的主殿，建于寺内第三级平台上。大殿坐东朝西，面阔七间、34.15米，进深八椽、17.7米，单檐庑殿顶，是中国现存规模最大、保存最完整的唐代单体建筑，也是中国现存唐代木构殿堂建筑的实物孤例。它准确地表现了唐代木构建筑的外观形式和结构做法，成为认识、研究唐代建筑营造制度、营造技术，以及古代木构建筑形式演变与技术进步等方面的珍贵资料。

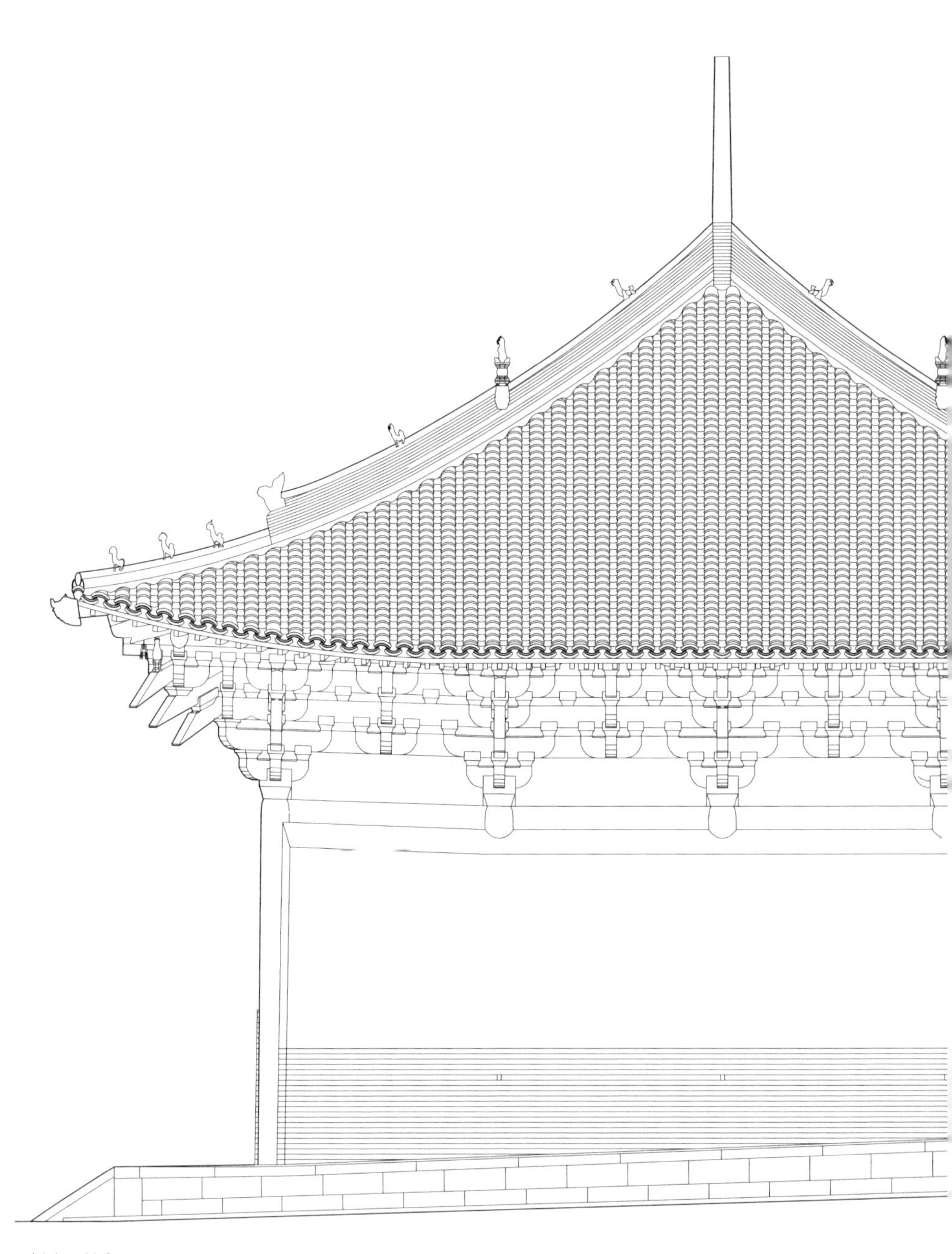
侧立面图

寺庙历史悠久，遗存佛教文物异常珍贵，被海内外赞誉为“亚洲佛光”。

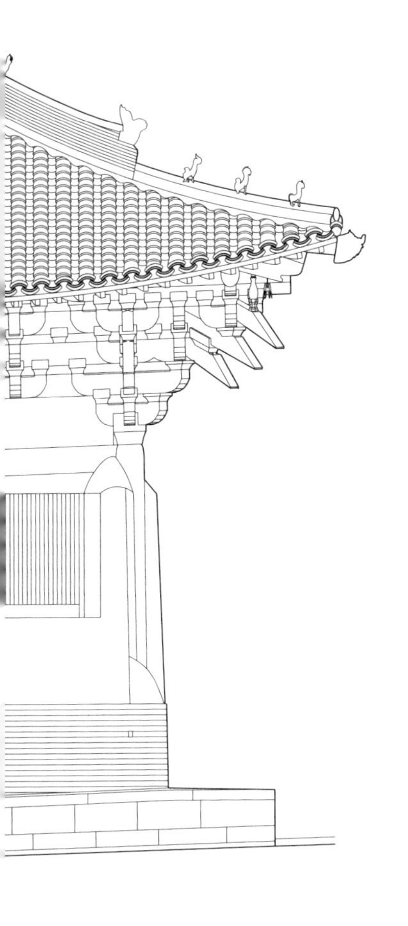

据记载，佛光寺始建于北魏孝文帝时期（471—499）。唐朝时，法兴禅师在寺内兴建了高达32米的弥勒大阁，僧徒众多，声名大振。唐武宗于会昌五年（845）大举灭佛，佛光寺因此被毁，仅一座祖师塔幸存。大中元年（847），唐宣宗李忱继位，佛教再兴，佛光寺得以重建。之后，宋、金、明、清各代，对佛光寺进行了17次修葺。

1937年6月，中国当代著名建筑学家梁思成等人，对佛光寺进行了考察、测绘。1949年后，政府对佛光寺加以重点保护，东大殿保留了创建时期绝大多数唐代木构、塑像和部分壁画、彩画。

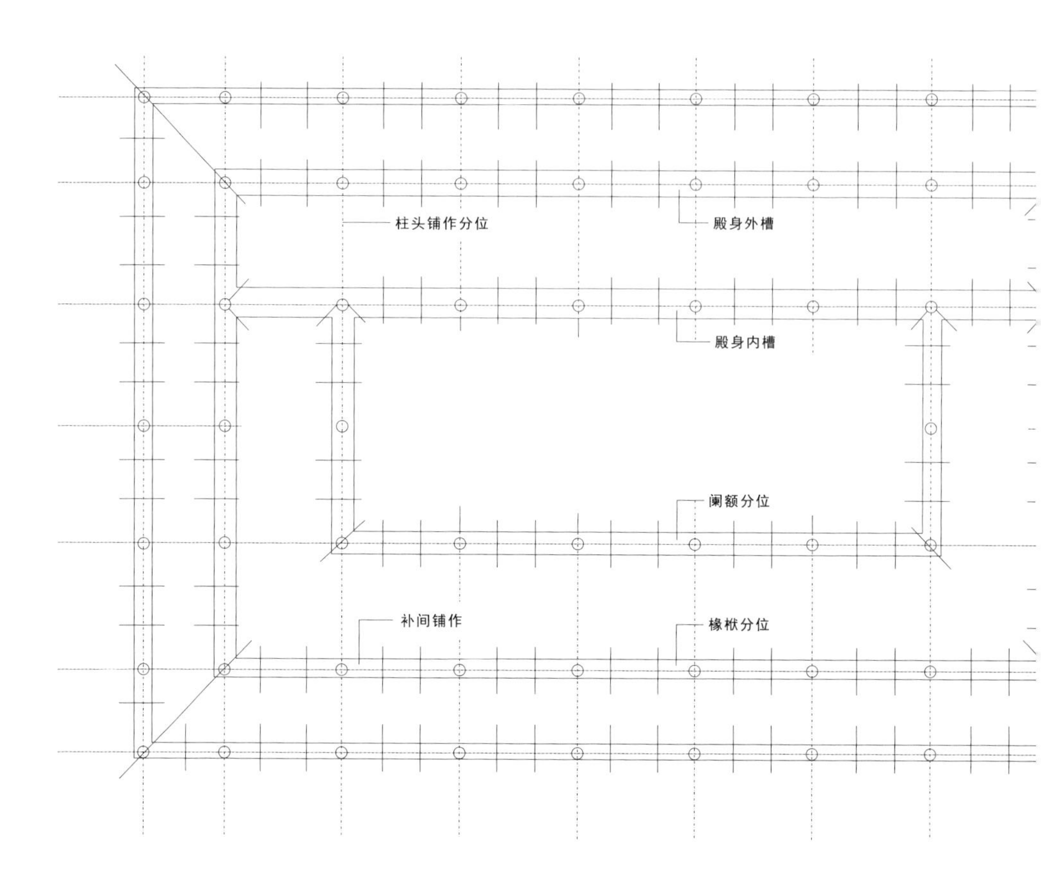

“殿阁地盘，殿身七间，副阶周匝各两架椽，身内金箱斗底槽”。

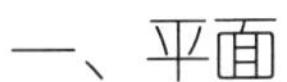

一、平面

《营造法式》中记载的殿堂结构建筑有四种地盘分槽形式，分别是金箱斗底槽、双槽、单槽和分心斗底槽。东大殿采用“金箱斗底槽”柱网平面，共用 36 根柱子组成“回”字形布局。内槽柱 14 根，外檐柱 22 根，将殿内空间分为内槽和外槽两部分。所谓的“槽”，是指列柱和斗栱组成的平面布局，金柱所围空间为“内槽”，内槽四周金柱与檐柱之间的空间为“外槽”。

《营造法式》只规定了殿堂的地盘平面的构成，厅堂及余屋并没有地盘图要求，可见，殿堂在中国古代建筑的地位是最高的。

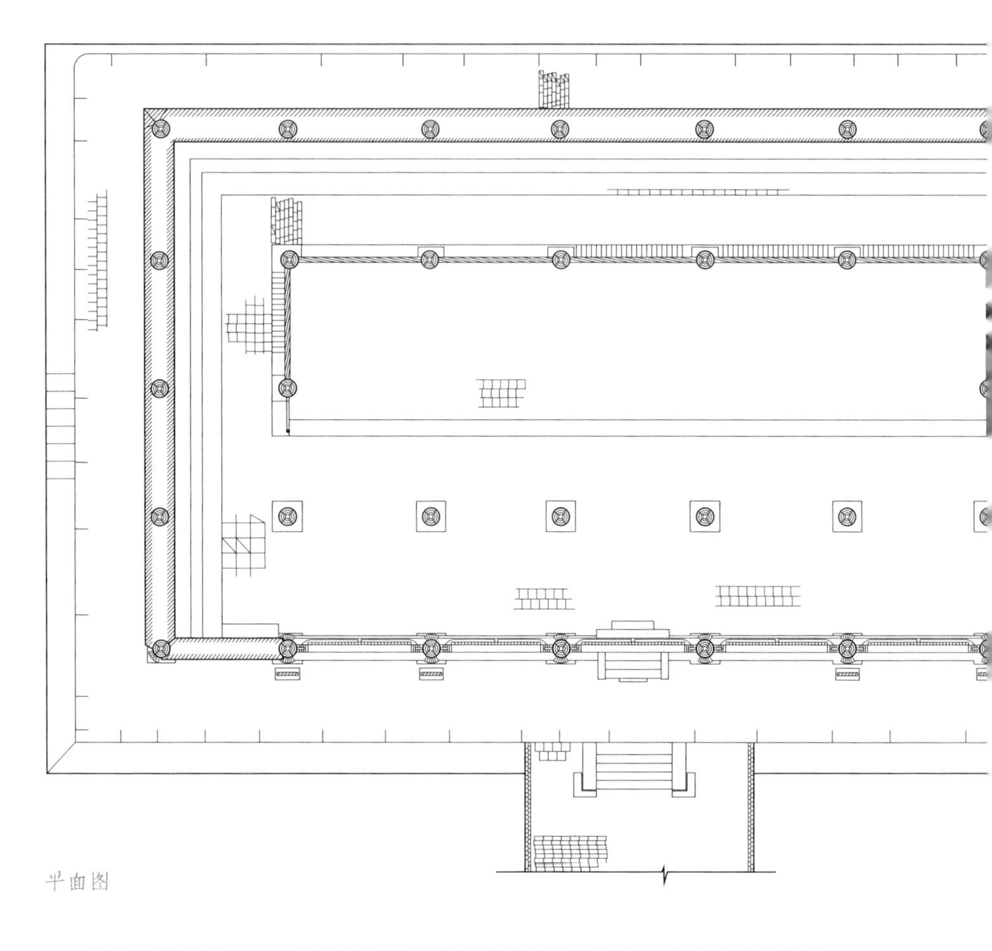

平面图

由柱子构成的平面，最早起源于原始社会的穴居，但并没有后世建筑中的那么规则。原始社会的穴居，其柱子密密麻麻地排列在穴居四周，毫无秩序，在柱子的里外面涂以泥土，形成木骨泥墙，中心立有一根或二根木柱，以方形或圆形居多。

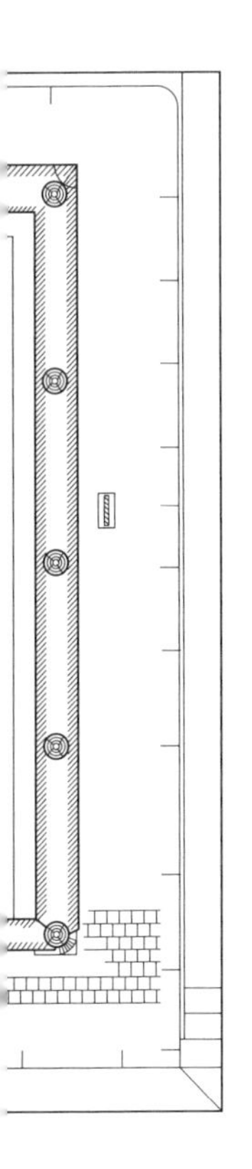

东大殿内槽柱形成一组完整的矩形柱列，外檐柱包绕于外，形成另一个矩形柱列。内槽柱和外檐柱上端均用枋连接。两组矩形柱列之间的对应柱端用乳栿相联系，角柱处用角乳栿联系，形成由内外两圈柱列及其联系构件所组成的空间结构体。由于采用金箱斗底槽的形制，为大殿提供了极为宽敞的内部空间。殿内倚后槽内柱砌扇面墙，内砌佛坛，长 26.31 米，宽 6.55 米，高 0.72 米，为陈列 35 尊塑像提供了充足之地。扇面墙以外，即内槽左右两侧及后面的外槽，倚两山及后檐墙砌三级供台，原来塑有 500 罗汉，现仅存 296 尊。

五百罗汉塑像

五百罗汉在许多地方均有供奉，专门供奉五百罗汉的殿堂也不在少数，如北京的碧玉寺，上海龙华寺，成都宝光寺等。五百罗汉塑像组合产生于明代，这对了解佛光寺东大殿的历史沿革有一定的帮助。

东大殿及台明

苍松婆娑，老树扶疏。凝视着被岁月冲刷的名构古刹，一种历史的回归感油然而生。

二、台基

东大殿建造于寺内自然形成的第三级平台上，与第二级平台高差约 15 米，形成了天然的高台台基，成就了高台建筑的气势。大殿前檐基础为杂填土，后檐为山体岩石。台基南北长 40.31 米，东西深 23.48 米，条石垒砌，前高 0.74 米，后高 0.46 米。台面方砖铺墁，压阑石为花岗岩，保留有三种清晰的砍斫方式，对于研究当时工匠的传统砍斫手法及施工技术具有一定价值。

台基

台基是古建筑的重要组成部分，至迟出现在原始社会末期，夏商时期的台基还是“茅茨土阶”，十分简陋，西周之后出现砖石筑砌的台基。《礼记》记载：“天子之堂九尺，诸侯七尺，大夫五尺，士三尺。”堂，即台基，说明当时的台基已经具有等级意义。

前檐梢间角柱及转角斗栱

对于这根柱子，在确保其结构作用的前提下，文物工作者并没有去干预。如此，可以最大限度地保护它的文物价值与人文信息。

莲瓣式柱础是典型的唐代建筑艺术构件，佛教文化的输入是莲瓣式柱础产生的主要因素。因莲花是佛的象征，早期佛教建筑中设置莲瓣柱础便是顺理成章的事了。

前檐柱下覆盆莲瓣式柱础

三、柱子

东大殿柱子分四周檐柱、前槽内柱和后槽内柱三种。前檐柱柱础为覆盆莲瓣式柱础，直径约 1 米，覆盆高约 0.1 米，约为础径的十分之一，与《营造法式》中规定的“若造覆盆，每方一尺，覆盆高一寸”相吻合。每个莲瓣中间起脊，脊两侧凸起椭圆形泡，瓣尖柔和，卷起呈如意头，图案明朗，莲瓣饱满，显现出唐代石雕艺术的审美情趣。前槽内柱柱础石素平无饰，后槽内柱柱础石利用地下岩石加工而成，础石为方形。

柱础与柱根剔补

文物修复中，古建筑的木柱因其糟朽而失去结构作用，常采取剔补的做法。另外，柱子墩接也是柱子修复的主要技术。

后槽内柱

内槽平闇、月梁

平闇出现于汉代，又称“平机”“平橑”“承尘”，俗称“天花”。宋式建筑中的平闇有两个特点：一是平闇以下的梁栿加工精细，二是许多枋木构成较小的“格眼”。小的“格眼”称为“平闇”，大的“格眼”则称“平棊”。

内槽后部柱头七铺作偷心造

内槽东北角斗栱及梁架结点

由于唐代建筑的梁栿尚未完全插入铺作当中，里外檐出跳相等，故内檐也是七铺作连续出跳结构。而明清建筑斗栱与梁头结合较为紧密，所以内檐斗栱出踩较少。

四、空间设置

东大殿为了适应内外槽的平面布局，在结构上以列柱和柱上的阑额构成内外两圈柱架，柱上采用斗栱、乳栿、明栿和柱头枋将两圈柱架紧密连接以支撑内外槽，形成大小不同的内外两个空间。内槽为三面封闭的空间，五间内槽各置一组佛像，而以中间三间为主。为了突出佛像与各间之间的明确关系，各间柱上的四跳斗栱全部采用偷心造，为佛像陈列提供了宽阔的空间。内槽繁密的天花与简洁的月梁、斗栱，精致的背光与朴素的结构构件形成对比。

空间是建筑的灵魂，没有空间自然没有建筑。《老子》曾以制造车比喻，曰："三十幅为一毂，当其无，有车之用。"其中的"无"即空间。古代匠人充分理解建筑与空间的关系，因此在设计室内空间时，十分注重礼佛的需要和使用功能。

大殿后部外槽月梁及悬塑

月梁上斗栱结点

相对于直梁而言，月梁是经过艺术加工的梁栿，在《营造法式》中有具体规定。据考证，在北方地区，月梁只使用于早期殿堂式建筑，而南方的许多明清建筑，甚至民居也有使用。

梢间山面及转角斗栱全为偷心造

梁的断面反映了不同的时代特点，如：唐代的梁栿断面比例为2：1，宋为3：2，金元时期多为椭圆形，明清则为10：8，呈现由窄向宽的演变趋势。

1. 横断面

东大殿梁架断面结构为八架椽屋四椽栿前后对乳栿用四柱形制，由明栿与草栿两部分组成，之间用平闇分隔。明栿为可见部分，草栿隐藏于平闇之上，加工时区别对待。明栿安放在内外柱头斗栱上。各种梁栿，如前后槽乳栿、丁栿、角乳栿等，皆加工为月梁式，上部弧起，两端叠楞，削砍规整，轮廓秀美，呈现华丽之态。平闇之上又施四椽草栿，其上又设驼墩、瓜柱、平梁、叉手，上承脊槫。草栿用材直径较大，由于视线所不及，故制作略糙，古代匠人使用锛子的痕迹仍可以辨析。全部大木构件根据结构和视线所需进行加工，既合理又节省，这种制作方法后代一直沿用。此做法在《营造法式》中有记载，如卷五中以“明梁只阁平棊，草栿在上，承屋盖之重”“以方木及矮柱敦掭，随宜枝樘固济”加以总结。东大殿当心间左右两间的柱缝上各安齐整对称的梁架，由明栿至草栿，各缝之间安长槫和替木，梢间的结构与横断面外槽相同，内外柱之间用草栿相连，简洁明了。

东大殿内外柱上用斗栱承托梁架，前后两槽露明乳栿皆为月梁式，栿上两端安半驼峰，其上置交互斗和十字相交的华栱承平棊枋及平闇。内槽四椽栿也为月梁形，两端斗栱叠架承托，栿身净跨仅及内槽的五分之三，梁背上用枋子头生成驼峰，峰上交互斗口内有华栱承平棊枋和平闇，四椽栿正中加施隔架斗栱一朵。殿内平闇与后世平棊不同，平棊方格较大，平闇方格较小。内槽平闇各间当心置小八角藻井一眼，素平无饰。

外槽平闇以上的草乳栿与外檐柱上的压槽枋相构，栿上安缴背和方木垫墩，用以负载下平槫和四椽栿。四椽栿之上安方木垫墩和交栿斗承平梁，斗口内令栱与梁头相交，令栱上安替木承上平槫。平梁之上仅施叉手两根，上端与捧节令栱相交承替木和脊槫，中心不施驼峰和侏儒柱。这种结构是我国汉唐时期固有的规制。

平闇下山面斗栱、月梁结点

内槽平闇下明栿梁架透视

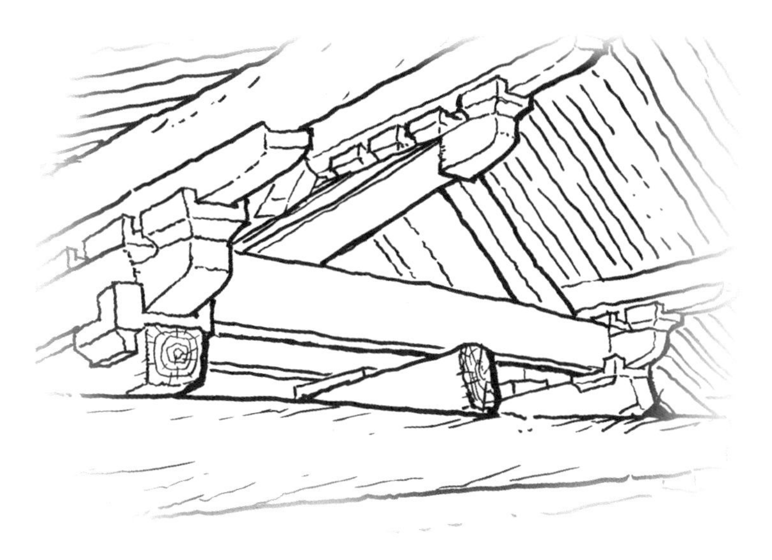

叉手与令栱结构现状图

叉手斜插于平梁两侧，故又称“斜柱”，这一古老构件在汉代时就已存在，《长门赋》曰：“离楼梧而相樘。”梧，通牾。《释名》解释：“牾在梁上，两头相触，牾也。”至明清时，叉手不再使用。

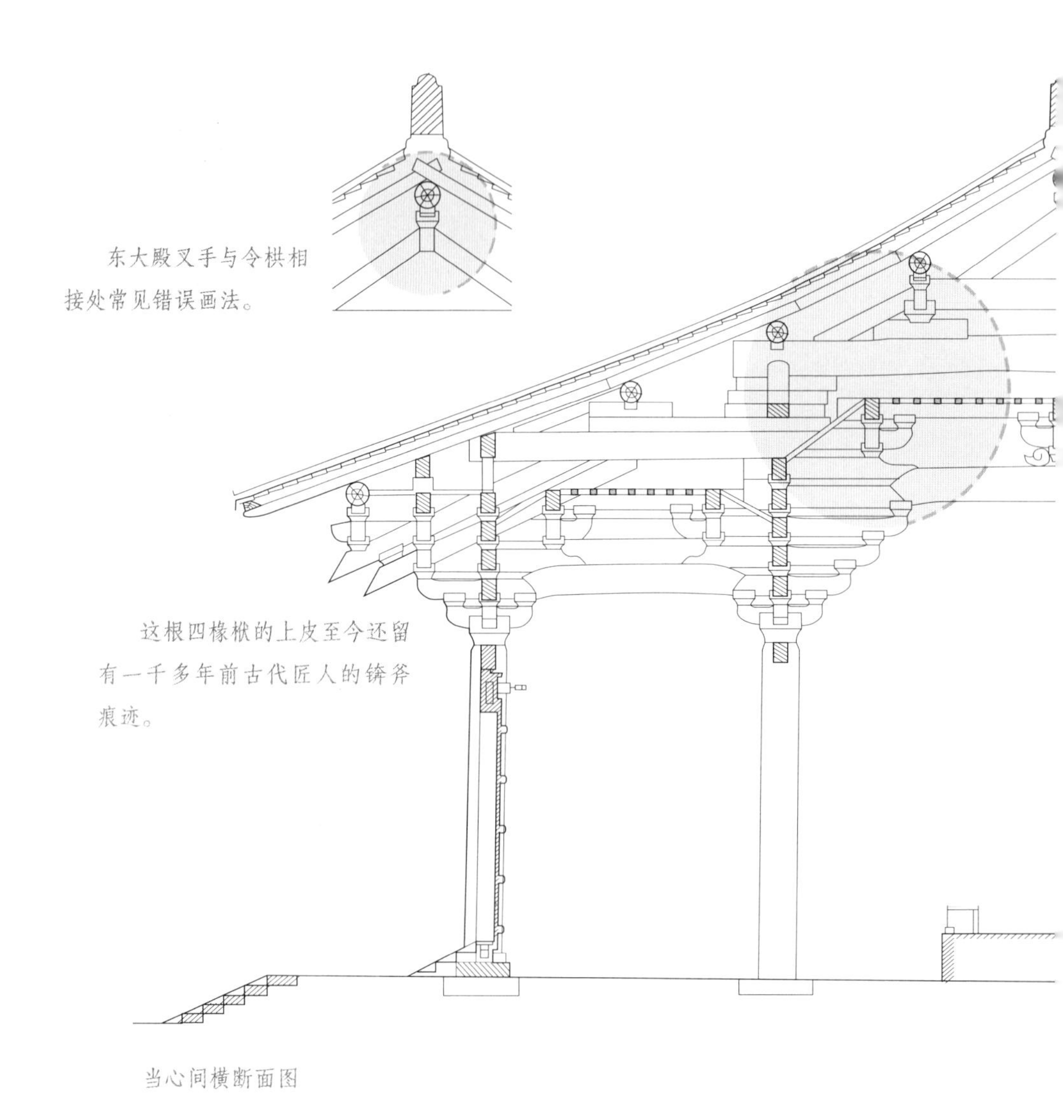

东大殿叉手与令栱相接处常见错误画法。

这根四椽栿的上皮至今还留有一千多年前古代匠人的锛斧痕迹。

当心间横断面图

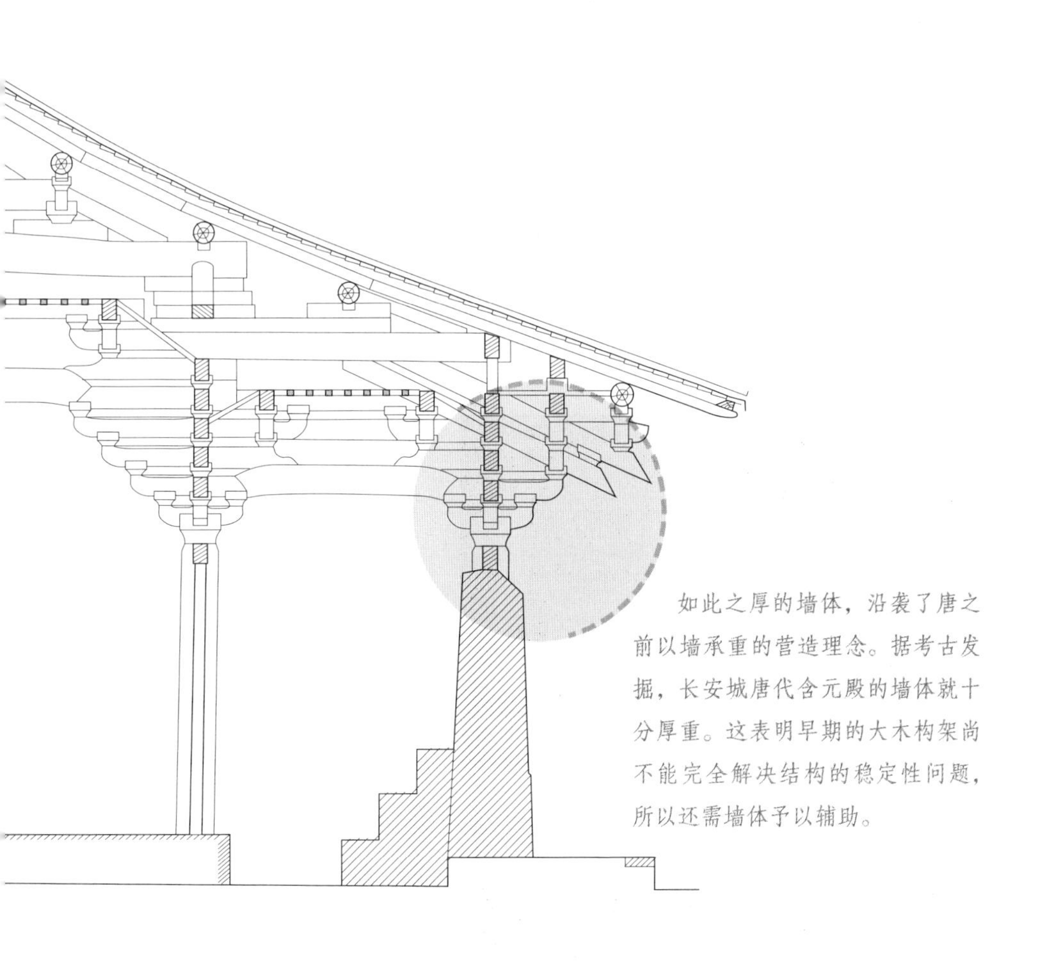

如此之厚的墙体，沿袭了唐之前以墙承重的营造理念。据考古发掘，长安城唐代含元殿的墙体就十分厚重。这表明早期的大木构架尚不能完全解决结构的稳定性问题，所以还需墙体予以辅助。

内槽柱头斗栱四跳偷心承月梁

柱头偷心造斗栱与月梁

内槽月梁两端与四跳偷心造斗栱结点

柱子支承铺作，铺作支承月梁，月梁支承平闇。这种层层相叠的结构，是中国古代建筑与西方建筑的重要区别。它们之间的榫卯起着关键性的稳定作用，而榫卯结构则是华夏哲匠的一大发明。

2. 纵断面

前后纵断面大体相同，梁架断面结构也由明栿与草栿两部分组成，之间用平闇分隔。梢间结构较为复杂，梢间之上另外安丁栿 3 道，居中一道，内端放在四椽草栿中段之上，外端则放在第二缝中柱斗栱之上；其他两道丁栿内端放置在四椽草栿两头，外端放在两山内柱内额上面的补间铺作之上。这 3 道丁栿的主要功用有两种：一是承托山面瓦坡下的上平槫，二是承托脊槫末端和脊吻的重量。纵向间安长槫和襻间相互联结；梢间结构与前后槽相同；梢间结构奇特，纵向设丁栿 3 道，中心一道在山面中柱之上，前后两道位于内槽两山补间斗栱之上。内端搭在四椽草栿上，外端于柱头或斗栱之上，用四层木墩垫托。

平綦以下梁架加工精细称之为明栿。东大殿因其是露明部分，故加工较细。现实中，许多建筑并没有平綦，因加工较细，也称之为明栿。

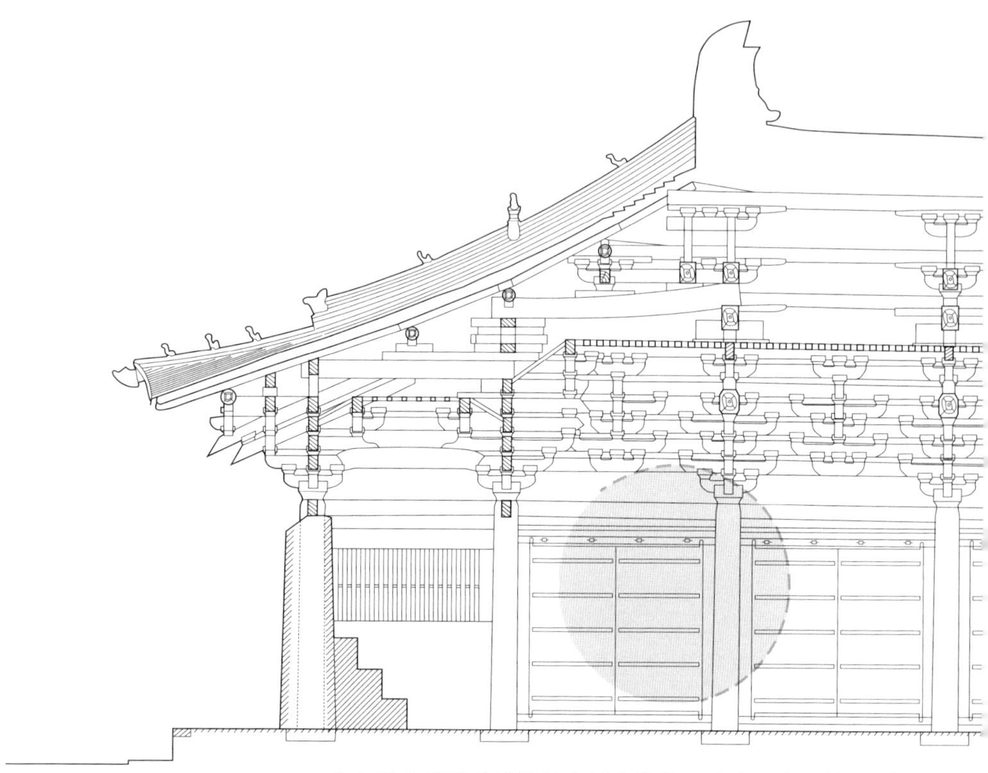

从内到外可以看到板门内侧的结构，其中两扇五抹。“抹”即清式的“穿带”，是固定门板的主要构件，《营造法式》中称之为“楅”。穿带与门板通过燕尾榫结合而成。

纵断前视图

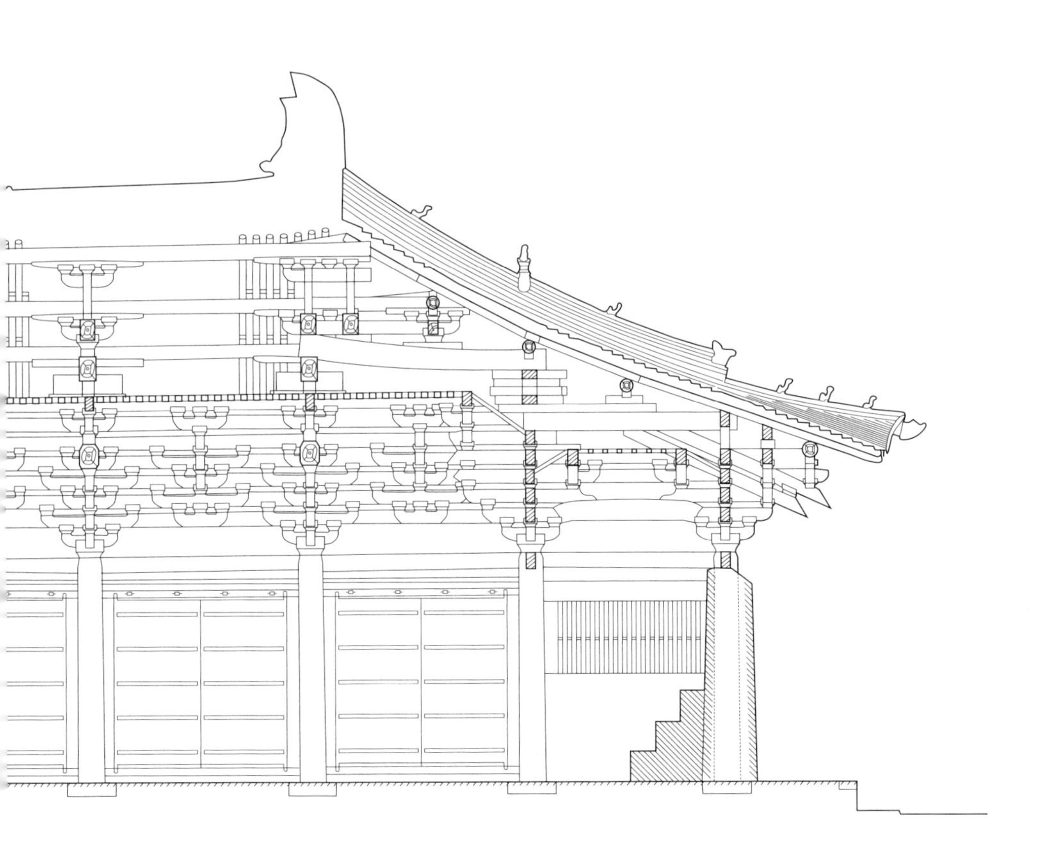

东大殿的平綦以上为“草栿”，加工较粗糙，甚至在梁架还可辨识唐代工匠的锛斧痕迹，但平綦以下部分梁架构件制作精细。而在古建筑发展过程中，只有元代是比较特殊的时期，无论其构件露明与否，加工均较为粗糙。这一点也成为区别元代与其他时期建筑的重要依据。

此处为推山结构。两山平梁之外，平置太平梁和雷公柱，符合《营造法式》中的庑殿顶“八椽五间至十椽七间，并两头增出脊槫各三尺”的规定，“增出”即“推山”。

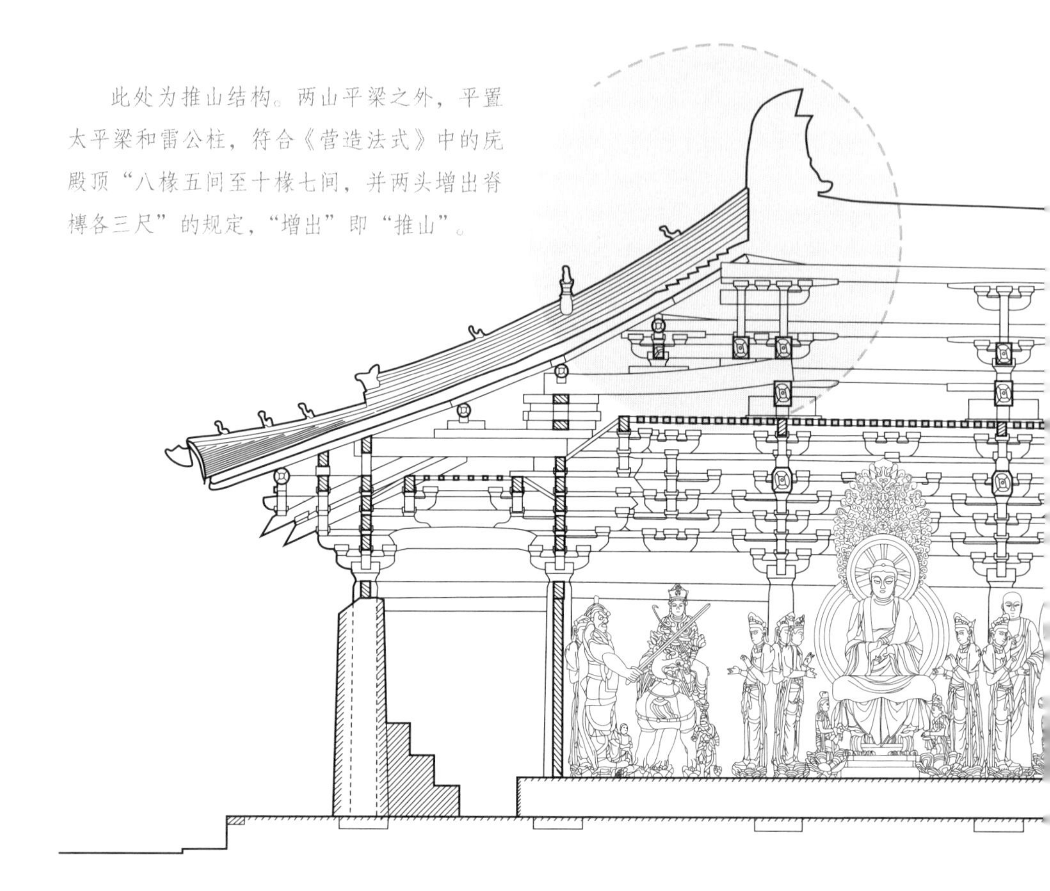

纵断后视图

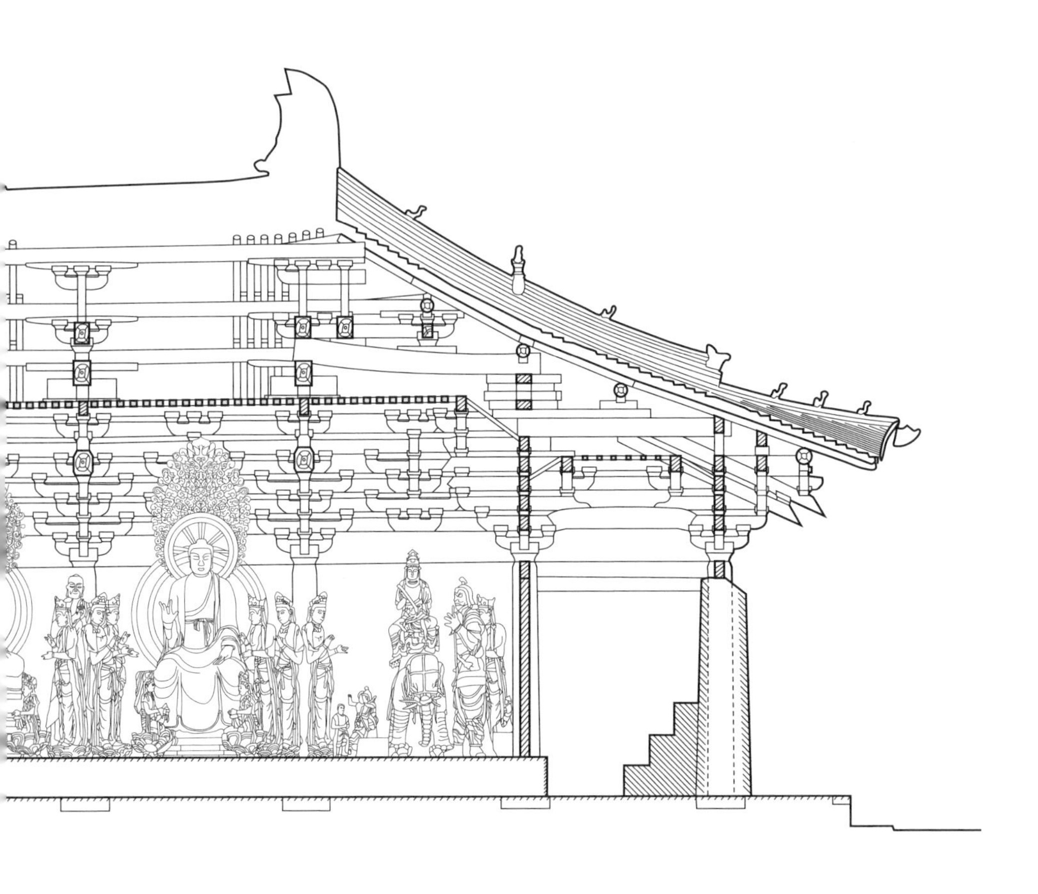

扫码获取
高清大图
知识测试
建筑课程
建筑赏析

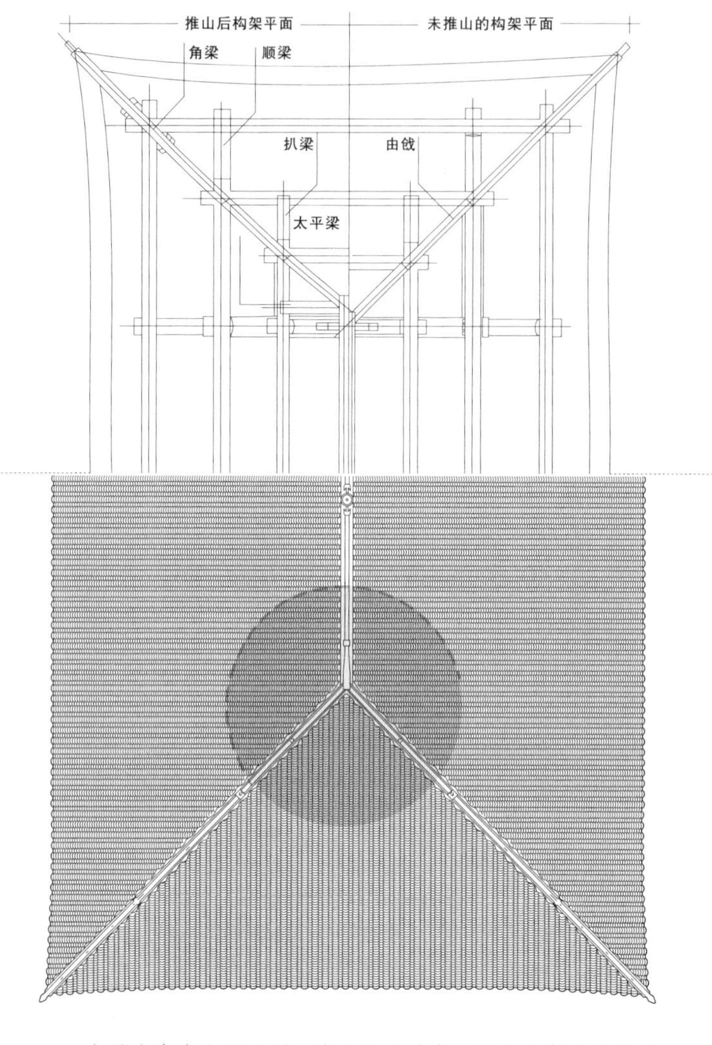

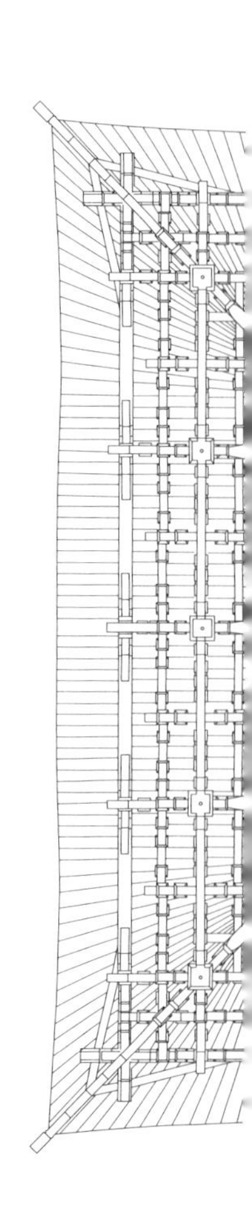

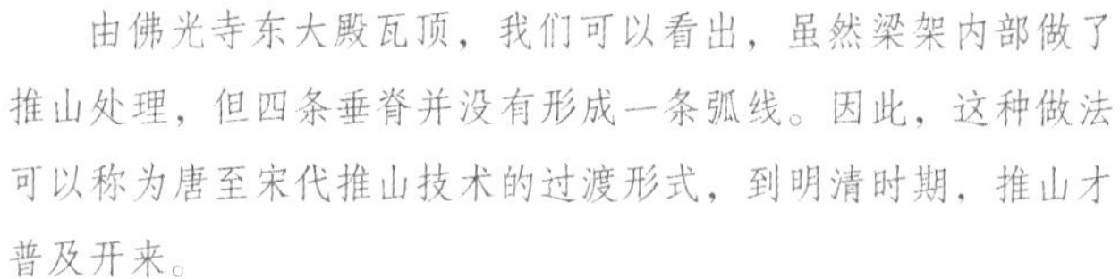

由佛光寺东大殿瓦顶，我们可以看出，虽然梁架内部做了推山处理，但四条垂脊并没有形成一条弧线。因此，这种做法可以称为唐至宋代推山技术的过渡形式，到明清时期，推山才普及开来。

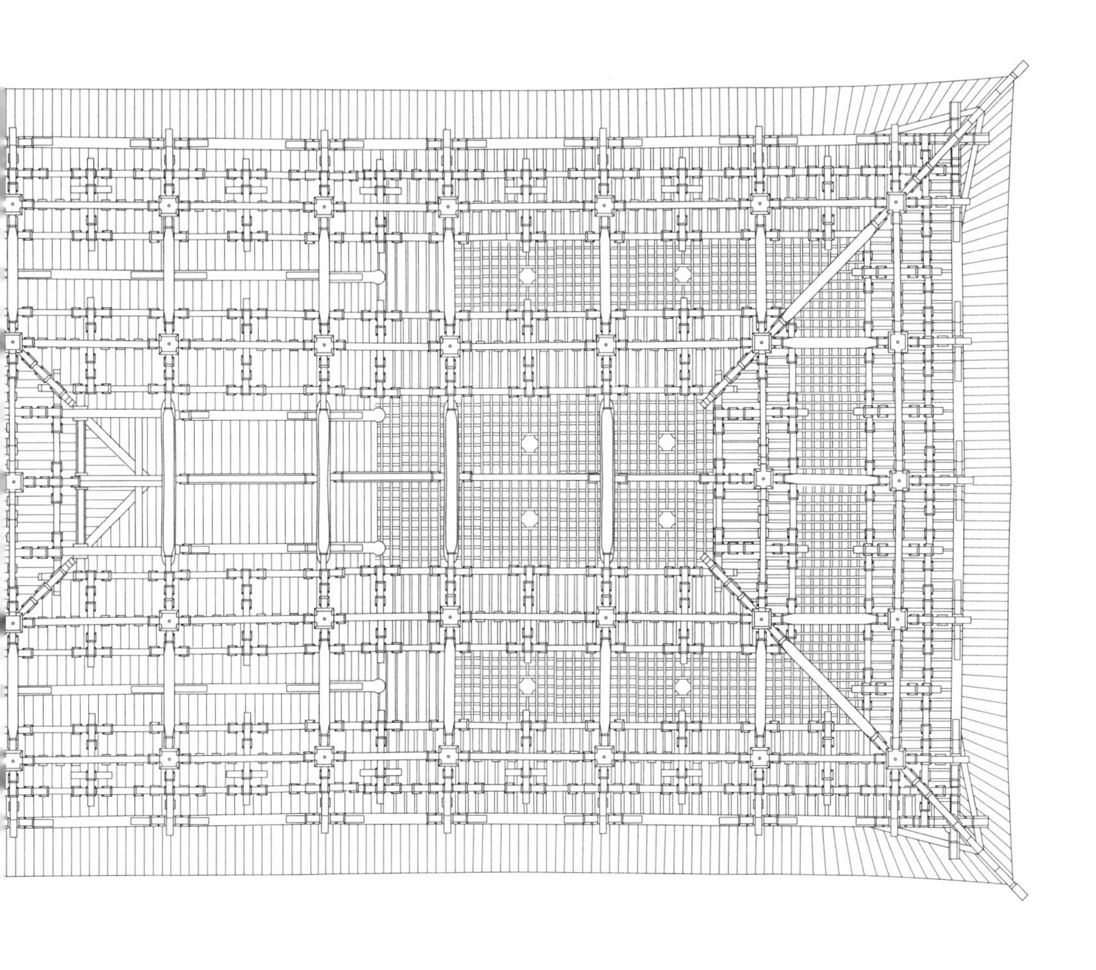

梁架仰视图

隔跳偷心斗栱

内槽柱头斗栱，七铺作偷心造

柱头上大斗施泥道栱，其上隐出慢栱，散斗置于柱头枋间

偷心是古建筑斗栱出跳结构做法，南方称“不转叶”，与计心相反。在出跳的每个跳头上减少斗栱、枋等构件的做法，则称“偷心造”，其形式有通跳偷心和隔跳偷心两种。偷心造的特点是简洁明快，偷心是唐、宋、辽、金的共同特征，早在汉代就已经出现。由于在长期的发展中，偷心造暴露出结构弱点，故元代以后，偷心造退出历史舞台。

五、铺作

佛光寺东大殿斗栱分布于不同的位置，外檐为柱头、补间和转角斗栱，内槽为柱头、两山柱头、补间和转角斗栱，共计 7 种（梁栿斗栱未计其中）。

柱头斗栱

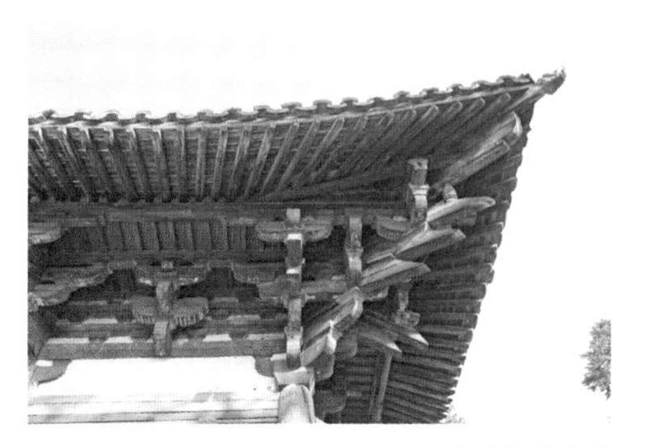

外檐转角斗栱

铺作是古代匠人世代沿用的名称，最早出现于《营造法式》。书中将铺作划分为两个意思：一是指斗栱组合构件，二是对斗栱出跳的称谓。如栱出一跳则称“四铺作”，二跳称“五铺作”，依次类推。到了明清时期，铺作的概念则演变为“朵”和“踩”，斗栱的组合体称“朵”，栱向外出跳则称“踩”。出一跳为三踩，二跳为五踩，依次类推。

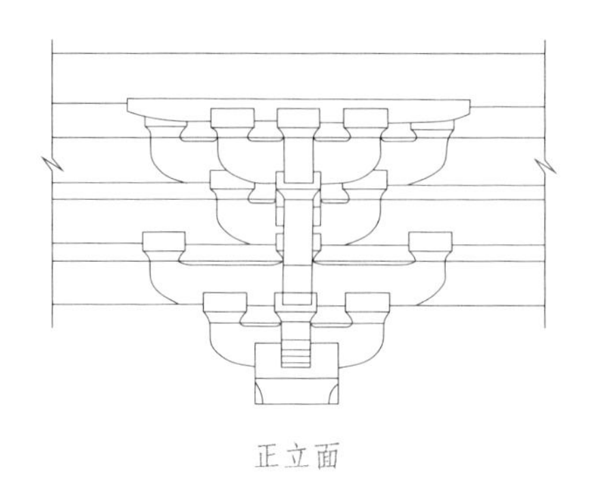

正立面

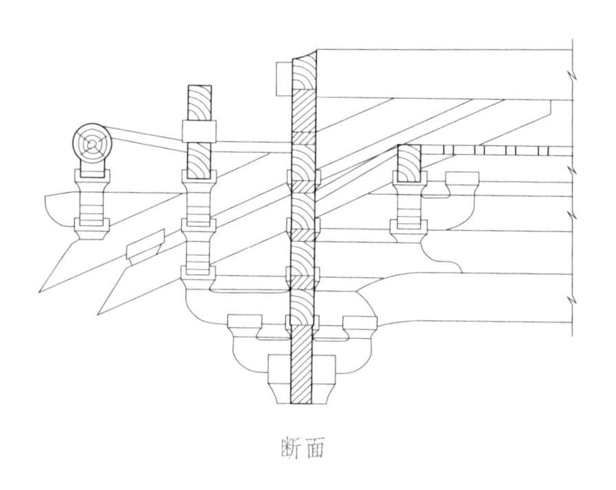

断面

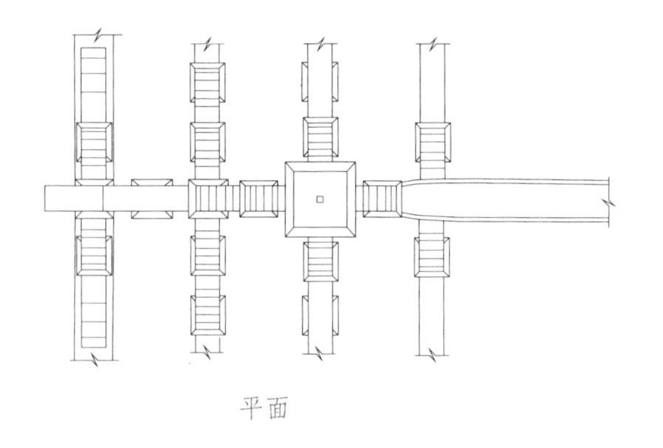

平面

这是一组由斗、栱、昂三种构件结合的组合体，栌斗出现于西周时期，散斗、栌斗、栱三者组合至迟完成于战国时期。东大殿的斗䫜十分明显，是汉唐建筑的典型特征。昂出现于汉，为上昂形制，与唐代的不同。此处的昂为下昂，真昂做法，批竹昂形制。

前檐及山面外檐柱头斗栱大样图

中国古代建筑中的斗栱，根据其向室内外伸出的距离而称为“出跳”，伸向室外的称“外跳”，伸向室内的称“里跳”。里外跳的斗栱结构不同，可以此区分内外跳的不同做法。

1. 外檐柱头斗栱

外檐柱头斗栱可以檐柱中心分为外跳与里跳。外跳为七铺作双杪双下昂隔跳偷心造形制，昂为批竹式。自栌斗口内先出第一跳偷心造华栱，无横栱；第二跳华栱跳头上设瓜子栱和瓜子慢栱承罗汉枋；第三跳为下昂，偷心造；第四跳亦为下昂，上施令栱十字相交翼形耍头，令栱上安替木，上承撩风槫。

栌头正心铺作，最下层施泥道栱，其上叠架柱头枋四层，隐刻泥道栱和慢栱，再上安压槽枋一层，与梁架中的草乳栿相交。二跳华栱之上，于压槽枋和撩檐枋之间加施枋材一道。

斗栱里跳，第一层出华栱一跳；第二层其实是内槽乳栿，头部伸至檐外制成二跳华栱；第三层为一材，内端在乳栿上制成半驼峰形状，外端压在第一层昂身之下，里跳驼峰上置交互斗，其上令栱与隐出华栱十字相交，以承平棊枋；第四层也是纵向出枋材，两侧隐出华栱，栱端安斗，压在平棊枋下。第三、四层昂之后尾以 24° 的斜度向上挑起，后端压在草乳栿的下面。

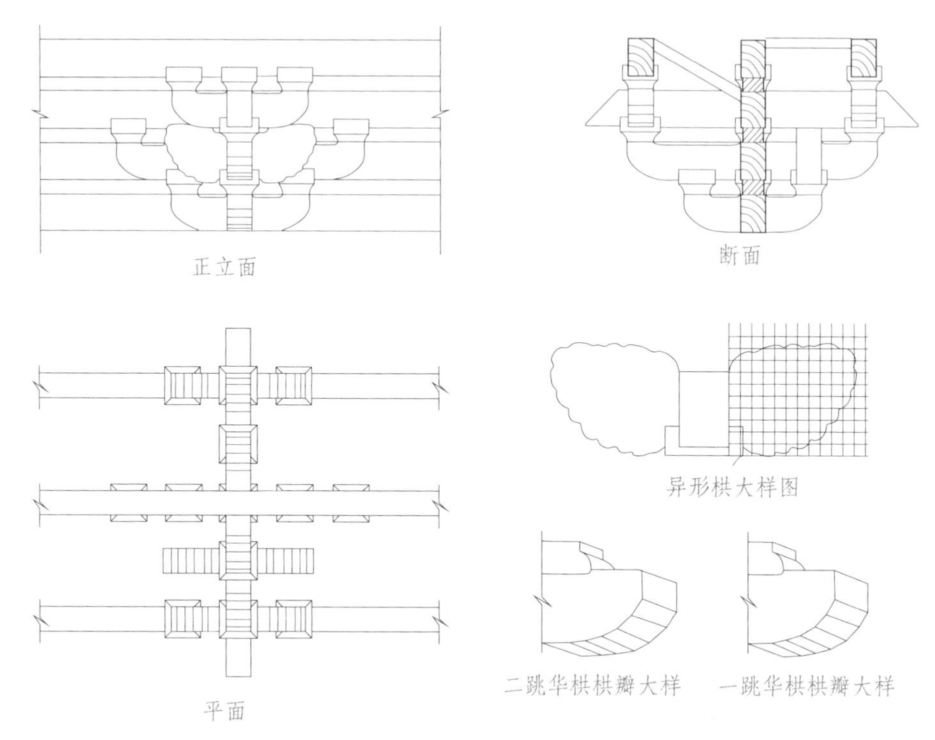

前檐补间斗栱大样图

前檐梢间柱头及补间斗栱

东大殿的异形栱是檐下斗栱独立构件，说它是独立构件，是因为异形栱上没有出跳横向枋术，因此没有结构作用，但其却是计心造的先声。

2. 外檐补间斗栱

外檐两柱中间位置每间安设一朵斗栱，称之为补间斗栱，形制为五铺作双杪，仅出华栱二跳，无昂。第一跳华栱与第一层柱头枋十字搭交纵向伸出，跳头上置云头翼形栱；第二跳跳头上设令栱，与短小的批竹昂形要头相交，其上承罗汉枋，颇具装饰意味。斗栱里跳部分，除第一跳为偷心造外，其余结构皆同外跳。

翼形栱因其不同于其他形制的栱，故又称“异形栱”，是一种装饰构件，在早期建筑中十分少见，常见于明清时期。

按照唐代早中期建筑惯例，补间斗栱往往坐于人字栱或矮柱上，由阑额承托斗栱载荷。然而东大殿补间斗栱与下方阑额不发生支撑联结关系，不用栌斗、矮柱或人字栱，整座斗栱仿佛空悬，给柱头枋徒增重量，在结构上感觉不太合理。这一点，梁思成先生也提出过质疑。

外檐补间斗栱

隔跳偷心是佛光寺东大殿的典型特征，即第一跳偷心，第二跳计心，第三跳偷心，第四跳计心。

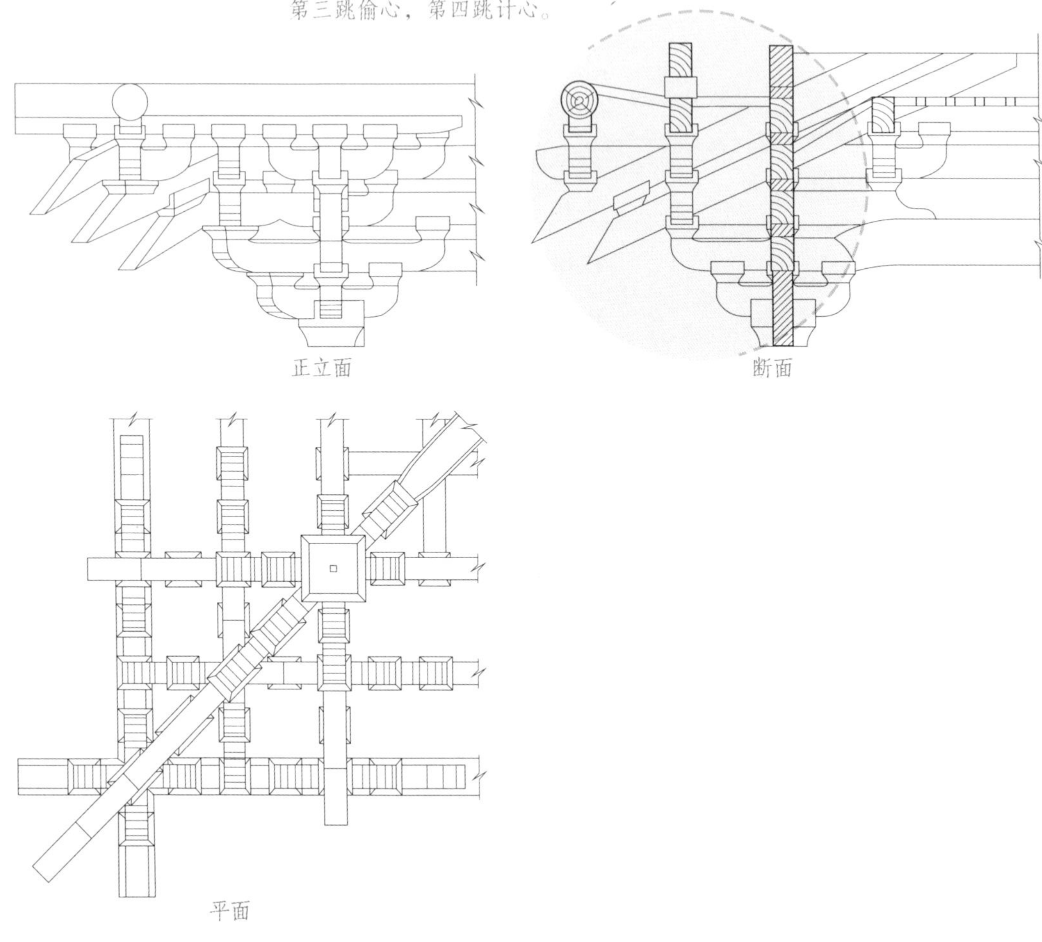

外檐转角斗栱大样图

鸳鸯交手栱又写作“鸳鸯交首栱”，是转角铺作中的特有构件，产生于唐代。这一构件的出现成功解决了汉时期转角斗栱向多方向连接的技术难题。

3. 外檐转角斗栱

外檐转角铺作较为繁复，正侧两面与柱头斗栱相同。45° 角线出角华栱二跳，与下昂两层及由昂组成转角铺作。正面和侧面第二跳华栱上的瓜子栱和瓜子慢栱制成鸳鸯交手栱，并相交于第二跳角华栱之上。跳头上安单斗，与昂上的令栱并列，以承托替木。第二跳昂上置十字相交的令栱与由昂搭交，以支撑撩风槫相交点，由昂上安宝瓶承其角梁。此宝瓶为后人更换，已非原物。

转角后尾华栱第一跳与泥道栱相列，第二跳以上伸成罗汉枋，角华栱后尾第二跳伸成角乳栿，由第一跳角华栱承托，并通过内角柱制成内转角二跳华栱。转角处乳栿上施材一根，外端伸出至瓜子栱，承托角下昂，内端制成半驼峰承角乳栿上十字相交的令栱。45° 角线上的斜材内端砍成栱头，施小斗承平棊枋。

正侧两面的昂尾，第一跳压在第四层柱头枋以下，第二跳压在压槽枋之下。二跳角昂后尾伸在草乳栿之上，由昂后尾则压在正侧两面压槽枋交点之下，符合结构力学原理。

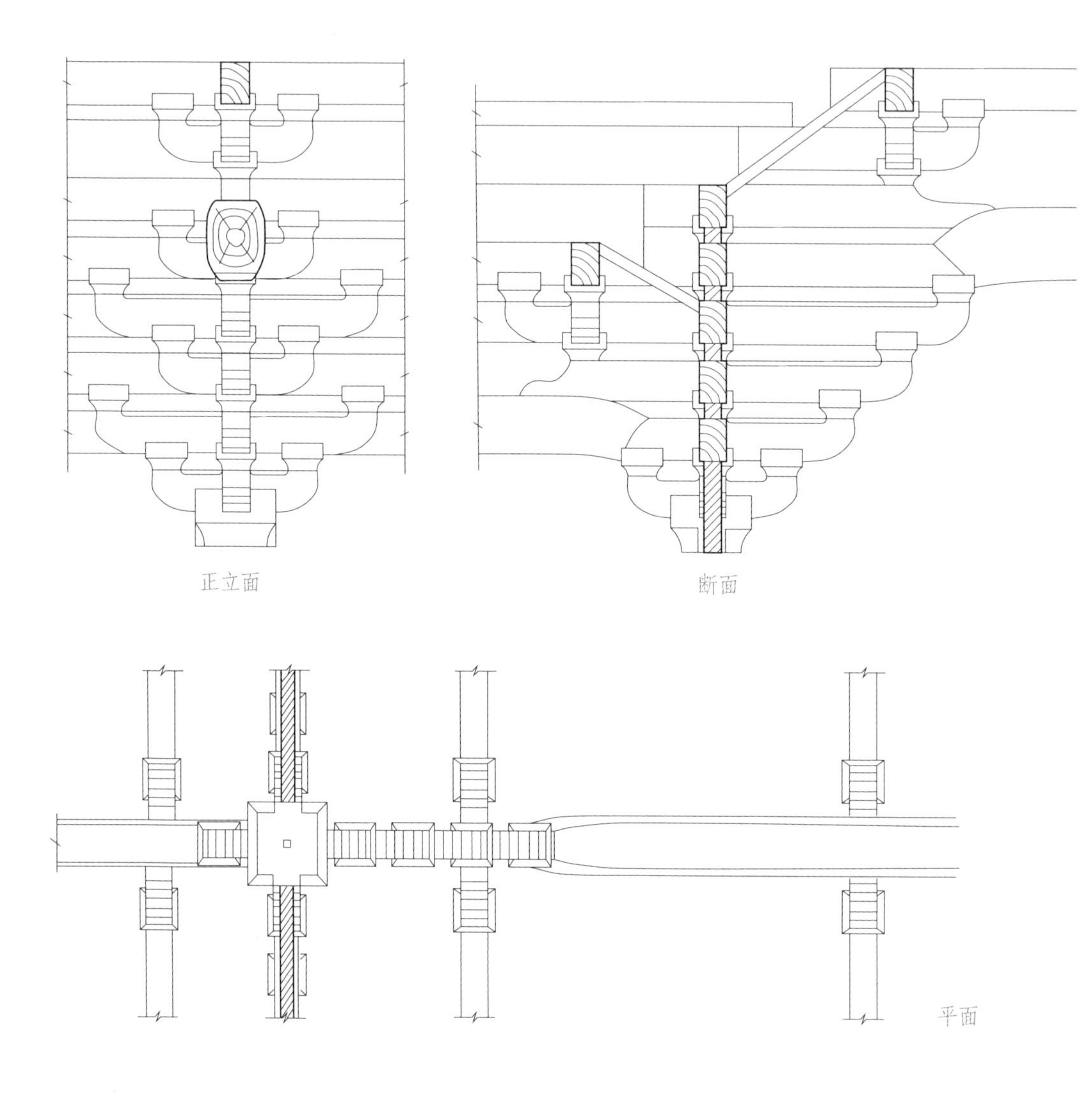

内槽柱头斗栱大样图

连续出跳的内槽斗栱，支承着内槽梁架。这种层层叠加的结构形式，说明受到了井干式做法的影响，由于殿堂式建筑檐柱与内柱等高，所以层层相叠在所难免。而在厅堂式建筑中，内柱高于檐柱，这种连续出跳的斗栱就十分少见了。

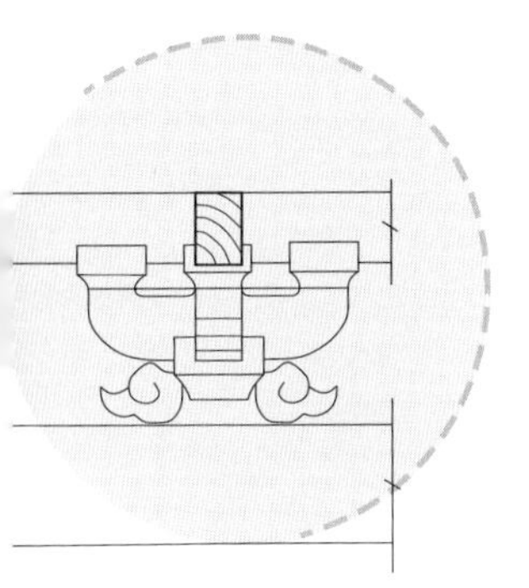

这种驼峰与十字斗栱相交的形式，沿用到清官式建筑中，称为“隔架斗栱”或“隔架科”。

4. 内槽金柱柱头斗栱

从殿中心位置观看金柱斗栱，为七铺作四杪偷心造。正面均从栌斗伸出四跳偷心，华栱承托第五层的四椽明栿，构成宽大内槽。四椽明栿上两端安设第六层的半驼峰形枋木。第七层出华栱一跳与令栱相交，承托平棊枋。金柱斗栱后尾出华栱一跳，承托乳栿伸向外檐，与外檐柱头斗栱后尾结构完全相同，对称相连，构成前后端两道外槽。柱心与四层华栱相交者，计泥道栱一层、柱头枋五层，枋上隐出栱形，成为两重栱一令栱的组合形制。

5. 内槽两山柱头斗栱

从殿中心看，斗栱正面出华栱及异形栱多层。第一、二、三、七层出跳华栱，第四、五、六层仅有铺作层而无出跳长度，出头分别砍制成“六分头”“批竹头”及“翼形头”形象。整组斗栱材栔分明，组成层层相叠之状。

“槽”有四种概念。一是空间概念，是指柱子到柱子之间形成的空间，二是殿堂建筑中柱网专用名词，三是指古建筑基础，也称“基槽”，四是指古建筑柱网布局列柱的中心线。

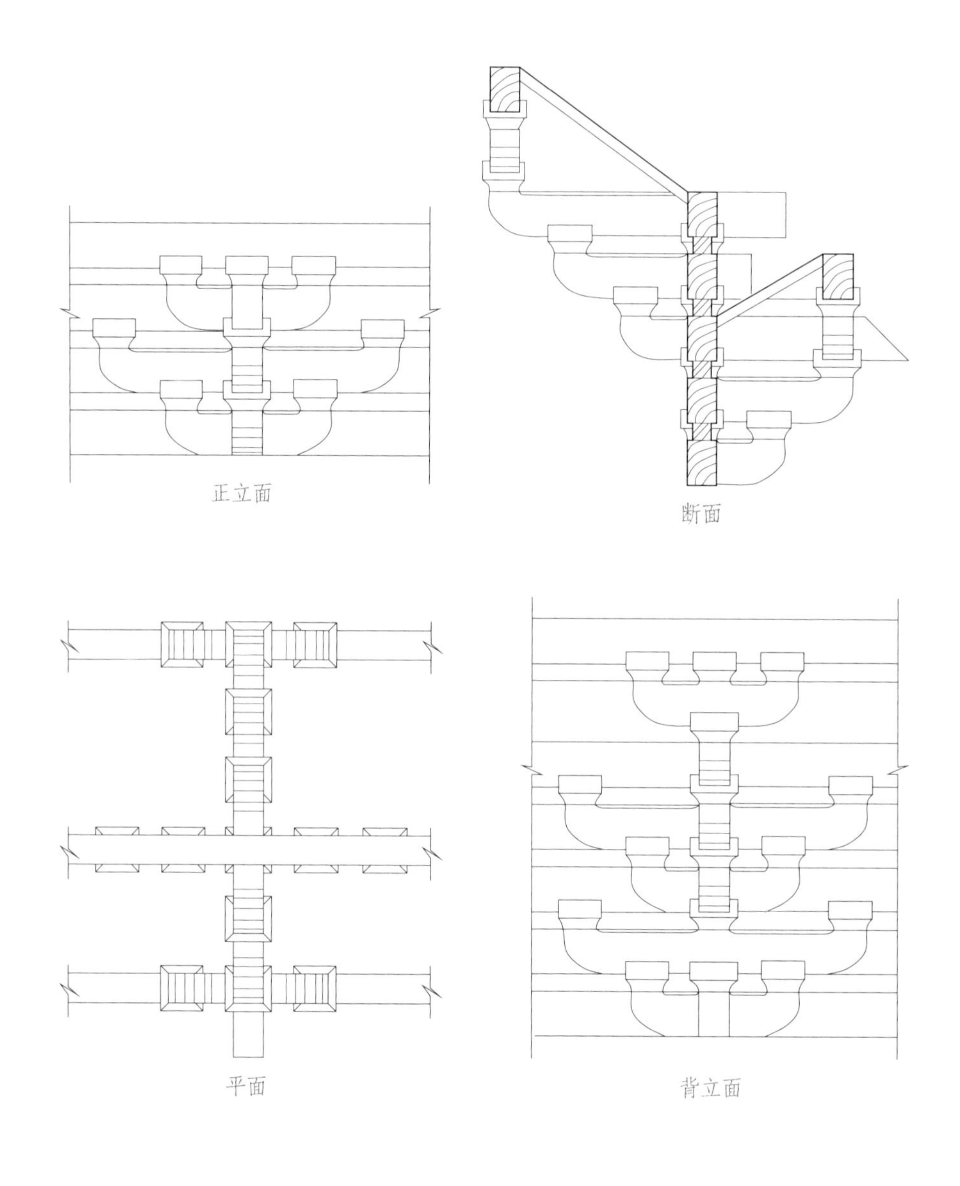

内槽补间斗栱大样图

6. 内槽补间斗栱

内槽补间斗栱下无栌斗，殿内正面从第三层柱头枋上出三跳华栱，第一、二跳华栱为偷心造，无横栱，第三跳施令栱承平棊枋。斗栱后尾从第一层、第二层柱头枋出丁头式华栱二跳。第三层柱头枋上十字相交伸出的构件，外转为出二跳华栱，后尾制作成批竹式耍头，上承外槽之平棊枋；里转出三跳华栱，逐跳偷心，其上承令栱与平棊枋。

7. 内槽转角斗栱

从殿中心看，斗栱于 45° 角线出华栱以及异形栱多层。第一、二、四层出华栱，第三、五层出异形小栱头，第六层出六分头与异形栱相交，第七层出批竹式耍头与令栱相交，第八层为平棊枋。转角斗栱后尾伸出为华栱以及角乳栿等，与外檐转角斗栱相对称联系。

东大殿内部的前槽空间宽阔而通畅，有助于信众的礼佛需求。

扫码获取

☆高清大图
☆知识测试
☆建筑课程
☆建筑赏析

佛光寺东大殿正立面

六、装修

东大殿内槽平闇距地高度 8.58 米，平闇方格密小，椤木规格 9 厘米，椤木间距 31.5 厘米，平闇厚度约 2 厘米。平闇基本完整，与结构构件连接紧密。斗栱上面的平棊枋与柱头枋之间都向下斜安峻脚椽，上面安遮椽板。槽内每间平闇中央都以四个方格合为一个较大的八角小藻井，化解了单调无饰的格局。

东大殿前檐中五间装板门，两梢间砌槛墙，设直棂窗，两山及背面皆筑以厚壁，山墙后间左右辟高窗各一个，殿内后部光线由此射入。装门的五间，两柱之间，最下安地栿，其上安门槛，两侧倚着柱身安门颊，而在阑额之下安门额。其额、颊、槛都用板合成。门槛与地栿合成“⊥”形。门额内以门簪四枚安鸡栖木，而额外面不出门簪头。门槛以内，在地栿之上安枋一道，与额内鸡栖木对称，以承门下槛。板门每间两扇,每扇由 9 至 11 块板材合成。背面 5 道楅，每楅 1 道，设门钉 1 路，每路 11 枚。每扇门装铁铺首 1 枚。板门和立颊的背面均有唐人墨书题记。板门曾于明代重装，楅木之下有明永乐五年（1407）的题记。

梢间阑额下安窗，其上额大小与门额相同，也是用板合成。槛墙之上安下串，额下不另安上串，两侧倚着柱身安立颊，中间安板棂，共 15 棂，棂中段安承棂串。大门为唐代原物。我国古代建筑中的大门容易损坏，需经常更换。而东大殿仍保留了唐代原构大门，弥足珍贵。

古代的文人墨客热衷于书写游记，每遇名山古刹必留墨宝，到清乾隆时期，已成为一种风尚，史称“乾隆遗风”。虽然古人还没有今天人们的文物保护意识，却无意中为后人考据建筑留下了珍贵的资料。

前檐北梢间窗户

殿内平闇及小八角藻井

板门及五路门钉

早期建筑的门钉是出于防火的目的而设置的，是为了加固板门，明清时期则更突出装饰作用和等级意义，比如最高等级的门钉号，纵横各九踩。门钉也称“涿弋”，文献记载，弋是钉在门上的小木桩，在小木桩上涂以泥土，以防火攻。

七、屋面

东大殿屋顶的坡度，即脊槫举高与前后撩风槫之间距离之比约为1 ∶ 4.77，与《营造法式》中规定的1 ∶ 4和1 ∶ 3相比略低，举势和缓，是早期建筑屋面平缓的典型。

殿顶全部用板瓦仰覆铺盖，不扣筒瓦。重唇花边瓦做滴水，重唇饰双行连珠花纹，唇外缘做锯齿形。正脊、戗脊皆用瓦条垒砌，较《营造法式》中规定的矮。正脊两端分别安装高大雄健的琉璃鸱吻，高3.06米，为仿唐代鸱吻式样。鸱吻轮廓简洁并隐起花纹，除龙的嘴角和尾上的小龙外，其尾鳍及嘴翅隐起都很微小。脊刹也为琉璃制品，其坯胎、釉色和人物造型与寺内文殊殿正脊刹非常相似，应是元代补造。鳍尾偏长，上部盘一小龙，龙身曲折，鳞爪有力。吻釉色斑斓，光泽晶莹，与古老的殿宇组合在一起，相映成趣。正脊中心立

屋顶脊饰

东大殿屋顶由五条脊构成，即一条正脊，四条垂脊，这种形式称为“庑殿顶”。庑殿顶通常用于宫殿建筑或重要建筑，中国最早的庑殿顶出现在河南偃师二里头的商代都城。

绿釉宝刹1枚，高2.65米。刹底为一尊武将，呈站立状，袒胸赤足，脚踏方座，左手托刹，右手撑腰，肌肉健美，神态自如，极富写实风格。戗脊下端安蹲兽1枚，兽头眼、腮纹样清晰可辨。戗脊正中置黄绿色釉宝瓶1个，后檐前端岔脊置小兽2枚，前檐前端岔脊置小兽3枚。戗脊与岔脊上的蹲兽、小兽及宝瓶为清代的作品。

脊刹是脊饰中的一种类型，位于正脊的正中位置。正脊设置装饰物至迟在汉代就已经出现。

脊顶中心宝刹

这尊套兽不是唐代作品，从外观形制分析，它应当是明清时期遗物。套兽之名最早记载于《营造法式》。

套兽

八、形制沿革

2015 年，山西省古建筑保护研究所委托北京国文琰文化遗产保护中心，对佛光寺东大殿进行了数字化勘察，技术手段包括三维激光扫描、倾斜摄影测量、近景摄影测量及碳 14 年代测定，东大殿大部分木构件及彩塑、壁画被证实为唐代原物。经多次现场勘查，发现大殿前檐内柱柱根尚有地栿榫卯痕迹，而前檐柱根覆盆式莲瓣柱础被板门下地栿遮挡过半，极不自然，不符合大木作惯用规制。据此分析推断，在唐代初建时，大殿前檐外槽为前廊形制，与日本奈良同期建筑唐招提寺金堂极为相似。

元至正十一年（1351）大修期间，僧人为了扩大内槽礼佛空间，命工匠将东大殿 5 间板门与梢间直棂窗从前内柱列全部外移至前檐柱缝，导致前檐柱根莲瓣柱础被压。大殿内部空间虽然得到扩展，但牺牲了前檐廊柱空间，完全改变了东大殿室内、室外空间格局及总体立面形象。

内槽前柱（西南角）柱根榫卯痕迹。榫卯是古建筑木构件连接形式，突出部分为榫，凹进部分称卯。最早的榫卯发现于浙江河姆渡遗址，出土的榫卯形式有燕尾榫、龙凤榫、企口榫、直榫、银锭榫等。

当心间柱根石雕柱础

《说文解字》云："扁，署也，从户册。户册者，署门户之文也。"可知汉代已经使用了匾额，不过当时匾额应与户口有关。《营造法式》规定了匾额的具体做法。"华带牌"和"风字牌"是宋代匾额的两种基本形式，并一直沿用到明清时期。

"佛光真容禅寺"牌匾

明宣德四年（1429）至宣德五年（1430），重新制作了大殿南、北、东侧9幅栱眼壁画，后扇面墙外侧白描菩萨像，在两山及后槽垒砌砖台，塑五百罗汉像。明正统三年（1438）制作东大殿所挂"佛光真容禅寺"匾。

佛光寺东大殿复原效果图借鉴了日本唐招提寺金堂（759）、金堂是唐朝鉴真和尚东渡日本修建的，与东大殿（857）修建时间相距不到百年，在造型和结构上有许多相似之处，对东大殿复原设计有较大参考价值。根据实地勘察情况，结合唐招提寺金堂建筑形制，东大殿复原效果图保留了原有的主要结构及外形特征，做了一些局部改动，将前檐柱恢复为前廊柱，将五间板门及两梢间直棂窗全部推后至金柱。考虑到大殿地处北方严寒地区，两面山墙向前延伸，半包前廊角柱，两侧和后檐柱身全部掩藏在檐墙之内，外墙用中国北方的青砖土坯墙体，外施土朱色。大殿由原来的封闭式空间改为半开放式空间，建筑与外界自然环境和谐相融，天人合一、道法自然的感觉更为强烈。

东大殿三维复原图

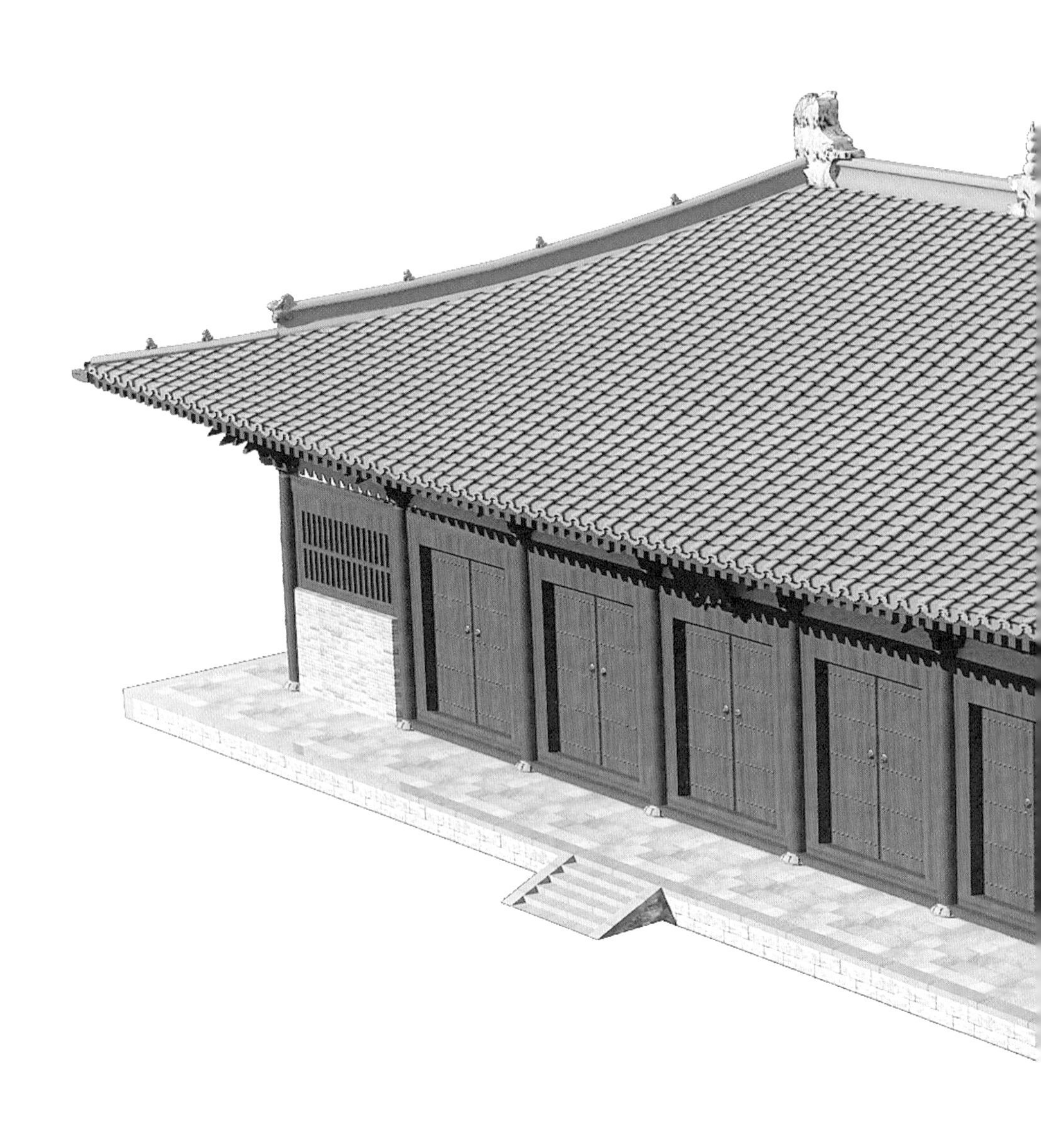

佛光寺大殿面阔七间，通面阔 3415 厘米，檐柱平均高 499 厘米，其通面阔与檐柱高之间无整数倍关系，但其中央五间间广平均为 504 厘米，与檐柱高只差 5 厘米，可视为相等，即中央五间为 5 个以檐柱高为边宽的正方形，也可以认为是中央五间以檐柱高为模数。梢间为便于形成 45° 转角构架，不得不缩小到与山面梢间相等的 440 厘米，遂不能与中央五间同宽。

东大殿三维俯视图

九、附属文物

1. 梁架题记

东大殿殿内梁栿上现存 8 处题记，其中当心间及次间四椽栿上的 4 处唐代始建题记较为重要。这些题记均使用墨汁书写，保存状态良好，字迹较为清晰。

东大殿梁栿唐代题记统计表

序号	位置	内容	时代
1	北次间北缝梁架明四椽栿	功德主故右军中尉王佛殿主上都送供女弟子宁公遇	唐代
2	当心间北缝梁架明四椽栿	敕河东节度观察处置等使检校工部尚书兼御史大夫郑功德主敕河东监军使元	唐代
3	当心间南缝梁架明四椽栿	为□敬造佛殿柒间伏愿龙天欢喜岁稔时康雨顺风调干戈休息十方施主原转法轮法界有情悉愿成佛	唐代
4	南次间南缝梁架明四椽栿	代州都督供军使兼御史中丞赐紫金鱼袋卢摄录事参军侯莫陈谱摄功参军军程列助造佛殿前泽州功曹参军张公长大堡冶官衙前兵马使武君良宣德郎前守雁门县令李行儒书、前度支监州院巡覆官邵卓	唐代

对题记解释如下：

长期以来，佛光寺重建者的身份一直是个谜，“功德主故右军中尉王佛殿主上都送供女弟子宁公遇”之题记是考证判断的主要线索，学术界对该题记的解释多有争议。题记中实际涉及两人，“故右军中尉王”为一人，“佛殿主上都送供女弟子宁公遇”为另一人。

我们可以先列出重建大殿期间的几位皇帝：

唐宪宗（806—820），唐穆宗（821—824），

唐敬宗（825—826），唐文宗（827—840），

唐武宗（841—846），唐宣宗（847—859）。

附属文物，包括附属于建筑本体或建筑本体的物品或文献，常见的有墓塔、塑像、梁架题记、壁画、彩画等。附属文物本身具有极高的文物价值，比如永乐宫的纸壁画和佛光寺的佛像，就是驰名中外的艺术珍品。

中国古代佛寺建筑建造的经费渠道，大约有以下几个方面：一、来源于官方的支持；二、源自僧众的捐建；三、当地民众的集资或捐赠；四、达官显贵的资助。而汉末至南北朝时期的“舍宅为寺”，是中国古代建筑发展史上民众建寺的特有现象。

那么“功德主故右军中尉王”为何许人也？是不是唐朝宦官王守澄？王守澄（？—835），唐朝末年宦官，活跃于宪、穆、敬、文四朝，曾三度参与皇帝的废立，在朝中掌权达十五年之久。唐元和年间（806—820），王守澄为徐州监军。唐宪宗李纯暴卒，随后李恒为帝。王守澄被封为枢密使，得以干预国政，拥有很大的权力。

唐文宗李昂即位后，王守澄先为骠骑大将军，后接任右军中尉。文宗李昂统治期间，宦官飞扬跋扈。李昂提升仇士良为左神策军中尉，以分王守澄之权。唐大和九年（835），王守澄被鸩酒毒死。

东大殿建造时间为唐大中十一年（857），距王守澄死已有22年。查考《旧唐书》，在唐大中十一年以前故去的王姓宦官并担任右军中尉者，就是王守澄，因此才称“故右军中尉”。王守澄是东大殿题记中地位最为显赫的一个官方角色，作为富可敌国的功德主，必然是为修建佛殿捐出巨额资金并留名题记的人。

再看“佛殿主上都送供女弟子宁公遇”究竟是何许人也？能够与功德主故右军中尉王守澄的名字同列于一缝梁架题记上，同时

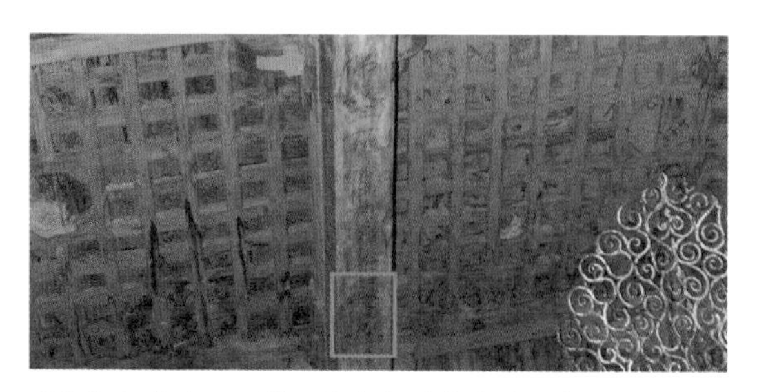

梁架题记节选："佛殿主上都送供女弟子宁公遇"

宁公遇像

又为大中十一年（857）经幢的立幢人，说明宁公遇与皇亲国戚望族渊源颇深，备受当时上流社会的恩宠。在敦煌石窟《五台山图》壁画中的河东道山门外，绘有朝廷送供使的图画,称为“送供天使”。唐元和十五年(820)，河东节度使裴度曾奏五台佛光寺出现“庆云”，因此“上遣使供万菩萨”。可见，唐代确有送供使到五台山佛光寺做供养之事。

由此可以推测，宁公遇或是受功德主故右军中尉王守澄生前委托，前往佛光寺送供香火的重要女施主。重建大殿时，宁公遇的实际身份是“送供”者，她可以将王守澄所遗巨额资产捐赠于佛光寺，可见两人关系非同一般。宁公遇可能是王守澄的重要女眷，也可能她自己就是出资建造佛殿的供养施主，因此，她才能够题记留名并把自己的塑像永久留在佛坛之上，永世侍佛，也永远享受人间香火的供奉。

在佛教经文中，供养之名，意为提供香花、灯明、饮食等资助的行为，为建佛寺而捐资的人则称“供养人”。东晋十六国时期开始兴起为供养人画像的风气，以后又出现为供养人塑像的现象。

东大殿部分板门题记表

序号	题记性质	位置	时间	内容
1	巡礼题记	北梢间北立颊	唐咸通七年（866）	咸通七年□□太原郡博□□今日此巡礼五峰
2	祭祀题记	北梢间北板门	唐咸通七年（866）	礼谒届此仲夏之日梦雕八叶沙门玄翥咸通七禩
3	游览题记	南梢间南板门	唐咸通八年（867）	齿州□黑□探子狱弁南□□头尾三□闻老咸通八年四月二日记
4	游览题记	南梢间南立颊	唐乾符五年（878）	江西道弟子散将柳诚因本道差部送振武将士干符五年春冬衣时为谨游五台乇集却反至代州此时发心待到五台山寺报还愿一□百僧故记有愿二年内求使再到此一□□□□

古代游人题记

2. 板门题记

东大殿板门上留有多处题记。1964 年，罗哲文、孟繁兴先生在对东大殿进行调研时发现多处题记，并在《山西五台山佛光寺大殿发现唐、五代的题记和唐代壁画》(《文物》1965 年第 4 期）一文中对其中重要的 8 处题记进行了记录。

经仔细调查，东大殿现存板门题记共计 36 处，除当心间南板门上是有关明宣德九年（1434）重建内容外，其余均为唐、五代、金、明、清、民国六个时期游客的巡礼题记、游览题记、朝拜题记以及游人赋诗等，以唐、五代、金、明四个时期的为多。这些板门题记由于年代久远，个别字迹已不够清晰，许多题记被贴补门缝的纸条所覆盖。

3. 唐代壁画

壁画是附属于建筑的艺术品。早在原始社会时期的穴居，古人就在墙面进行“拉毛”处理，可以认定当时的人已经具有装饰墙面的审美意识，《墨子》也记载，殷人曾在“宫墙文画”，这种艺术形式一直延续至今。

唐代的中央政府中设有专门的壁画管理机构，众多艺术家都参与了壁画创作。在《历代名画记》《唐朝名画录》《寺塔记》中记载的 206 名唐代画家中，有 180 多人参加过壁画创作，其中被称为“画圣”的吴道子，一生创作了 300 余幅壁画，可见，壁画是唐朝的重要装饰艺术。唐代壁画内容丰富，技巧高超，风格典雅，无论是象征等级的仪仗、建筑，还是反映贵族生活的狩猎、马球、乐舞、宫女等，均绚丽多彩，洋溢着对生命、对自然的热爱，闪耀着大唐文明浓重的人文主义色彩。

佛光寺东大殿内保存有唐代壁画 60 多平方米，是中国中原地区仅存于世的唐代寺庙壁画，价值连城，弥足珍贵。

东大殿壁画保存在殿内的栱眼壁和当心间的佛座背后。栱眼壁壁画长 450 厘米，高 66 厘米，分为三组。中间一组是说法图，主像是佛祖在说法，两侧是观音和大势至菩萨；左右两组以文殊、普贤两菩萨为中心，各有胁侍菩萨和天王、飞天等簇拥，为赴会行进的状态。壁画的各端分别绘有供养人。北边的一组是僧人装，南边的一组是俗人装。画幅虽然不大，却绘有众多人物，形象十分生动。在绘制技巧上，以浓淡墨色虚实相映，用色以朱砂、石绿、土黄为主，有

唐代壁画《镇妖图》

受儒、禅、道三教合一思想的影响，佛教寺院中不但绘有佛教人物，还绘有道教人物和民间神祇，这种现象在唐之后的建筑中十分普遍。

“焦墨淡彩”的唐画之风，笔法尚存汉画遗韵。人物的衣着线条飘逸流畅。这种线条不是没有根据的凭空捏造，而是精确地表现了占有空间的体积，表现了衣纹转折，表现了肌体轮廓，一言以蔽之：表现了事物的本质。菩萨裸露的修长圆润的双臂，婀娜多姿的女性躯体，长袖善舞的衣裙，飘忽飞动的彩带，毛根出肉、随风轻拂的须发，烟收雾合、聚散成形的浮云……这些事物本身不就蕴含着富有美感的线条吗？由于年代久远，画面上的颜色除赭土青绿外，均已变成暗褐色，失去了原有的艳丽色泽，但更显得古朴苍老。

当心间佛座背后的一个壁面上绘有一幅高35厘米、宽100厘米的壁画。由于大殿历经后代多次维修,佛座两侧也被人用土坯墙封护,光线幽暗。这幅珍贵的唐代壁画在被发现时仍然色彩艳丽，线条清晰，宛如新绘，没有丝毫损坏，完整地保持了唐代原作原貌。画面内容为《镇妖图》，绘有天王、神官、天女、神龙、妖猴、鬼怪等。毗沙门天王是全画的主角,绘于画面中央,穿戴金盔甲胄,体魄强健,手执宝剑，双目圆睁，面部表情夸张生动。脚下两只鬼怪赤身露臂，面目狰狞，虽被天神降服，但心存不甘的表情栩栩如生。天女侍立旁边，淡扫蛾眉，高耸双髻，衣带飘逸，长裙拖地，鲜花配饰，香气袭人。天王属下一尊神官身穿豹皮服，头戴幞头巾冠，双目圆睁，怒竖须眉，双手擒拿猴妖。右边的另一位神官，裸露上身，腰系豹皮裙，手执长杵，赤足奔跑，似在追赶妖神。三爪神龙绘于画面右上角，吞云吐雾，张牙舞爪。一只小妖赤身裸体，跌倒在地，惊恐万状。这幅壁画表现了法力无边的天王，正在叱咤风云，号令众神，降魔除妖的场面，是唐代寺观壁画中经常表现的降魔护法题材。绘画的线条采用兰叶描的方法表现，在表现复杂对象时，能够使线与形体巧妙结合，在塑出体积的同时，又大胆提炼、概括，通过线条的简繁、疏密、刚柔、曲直、长短、纵横、倾斜、缓急、顿挫、盘

虽然壁画是附属于建筑的艺术品，一般不可独立于建筑而存在，但是当遇到建筑落架或搬迁，壁画就不得不与建筑分离。这时就需要对壁画进行揭取。山西芮城永乐宫壁画就是壁画揭取的成功案例。

旋、飞动等多种表现手法，不但真实地表现出人物衣褶翻、卷、穿、插的层次，丝、麻、纱、绸的质感，而且加强了人物或站或立或行进或飞舞的动势，突出了人物性格特点。例如：天女的塑造，用线圆润、柔和，阴线较多，加强了女性妩媚动人的特征和轻盈的动势，表现了阴柔之美；天王及护法神官的塑造，则强调其勇猛的气质，用线平直、坚硬、挺拔，体现了阳刚之美。壁画形象生动传神，富有个性，与传世的盛唐吴道子《天王送子图》惊人的相似，说明了当时吴道子画派的广泛影响。

栱眼壁壁画

所谓栱眼，即两朵斗栱之间的位置，早期建筑大多在这个位置以泥土或土坯封护，明清时期的官式建筑多设置木板。被封护的栱眼称为“栱眼壁”。

4. 唐代彩塑

唐代是中国封建社会最为繁荣富强的时期，经济发达，艺术繁荣，作为宗教艺术重要组成部分的寺观彩塑也登上了艺术高峰。山西遗存的唐代彩塑尽管数量不多，但足以反映中国唐代雕塑的杰出成就和艺术水准。从这些彩塑的塑造、设色、人体各部比例的准确掌握以及对人物性格的深入刻画等方面，均可看出唐代彩塑匠师的精湛技艺和深厚功力。东大殿唐代彩塑中对于佛的刻画已达纯熟境地，充分表现了佛的睿智博识、超凡脱俗的气质。佛的形象已突破外来佛教雕塑艺术的影响，完全中国化，并成为后世塑制佛像的楷模。菩萨形象一改宋齐时期的“挺然丈夫之像”而趋于女性化，其上身袒胸裸臂，肚脐外露，饰以璎珞彩带，或立或跪，婀娜多姿，体态

殿内彩塑

佛教经义中的手印，也称“手势”，比如如愿印、禅定印、无畏印等。其中，双手合十是十分常见的手印，表示祈祷、祝福、感谢、感恩之意。

殿内彩塑

文殊、普贤、地藏、观音四位菩萨，他们的坐骑分别为青狮、白象、独角兽，朝天吼。

身段处处显现着女性的曲线美，那椭圆的脸型、细腻的肌肤、丰腴的肢体流露出一种人间少女所特有的蓬勃向上的青春活力。这种为“取悦于众目”，迎合世俗欣赏要求而产生的变化,和彩塑匠师们重“塑性”不重“佛性”的创作时尚，造就了唐代寺观彩塑艺术的卓著与辉煌。

东大殿是中国现存最大的唐代木结构建筑，体量宏大，沉稳庄重，具有唐朝皇家宫殿的气魄，凸显大唐气象。殿内佛坛上置彩塑 35 尊，与大殿同期塑造，也是现存气势最为宏伟的唐代彩塑群。

在敦煌莫高窟现存唐塑中，虽然有些单体塑像高度或长度超过佛光寺唐塑，如 96 窟北大佛、130 窟南大佛等，但与这些塑像处于同时期的其他塑像，大多数都没有佛光寺唐塑群体那样的宏大尺度和气势。佛坛之上主像 5 尊，高度达 7 米之多，分别为释迦牟尼佛、弥勒佛、阿弥陀佛、文殊菩萨、普贤菩萨，各有胁侍立于左右。立式弟子、胁侍菩萨、金刚等 19 尊塑像高度均在 4 米以上。正中主像释迦牟尼，结跏趺坐于长方形须弥座上，手作触地印，面相庄严，头顶螺旋发式，衣褶自然垂于身旁。左次间为弥勒佛，双足下垂，脚踏莲蒂。右次间为阿弥陀佛，也作结跏趺坐势，神态怡然自得。

释迦牟尼佛及胁侍菩萨

佛像和菩萨的区别之一就是菩萨胸前佩戴璎珞，而佛像则没有这种佩饰。

这种将释迦、弥勒、阿弥陀佛一字排列、同殿供奉的形式，是中国净土宗所遵从的规制。5尊主像两侧，分别有胁侍五六尊，高度不一，造型生动。释迦牟尼佛左右所塑二弟子像为阿难和迦叶，一老一少，神态生动自然。弥勒佛与阿弥陀佛两侧皆为胁侍菩萨像，高约4米，身体微向前倾，上身半裸，面相丰满圆润，修眉弯曲，眼睑低垂，半闭半睁，腰肢向侧面扭曲，腹部微隆，肌肤细腻，姿态柔和，系典型的女性形象。

普贤菩萨手持如意棒，表示顺心如意，万事通达。

普贤菩萨

金刚一

金刚二

佛教中的四大金刚，也称“四大天王”，是佛教教义中的护法神，分别是东方持国天王，手持琵琶；南方增长天王，手持宝剑；西方广目天王，手持蜃，俗称蛇；北方多闻天王，手持宝伞。通过他们所持物品便可区别出四大天王。

除主像及胁侍菩萨之外，佛坛上还有一些较小的塑像，其高度与真人接近，分别为牵狮的拂菻、引象的獠蛮以及韦驮、童子、供养菩萨等。佛坛两角还有两尊护法天王巨像，身披甲胄，手持宝剑，横眉怒目，高大威武。此外，大殿内还有女弟子宁公遇像，这是一尊真人肖像作品。宁公遇结跏趺坐，身披云肩，双手置于腹前，面目慈祥端庄，泰然自若，显露出潜心事佛的决心，表现了唐代贵族妇女雍容华贵、养尊处优、诚心供佛的形象特征。佛光寺东大殿唐代木构建筑，与殿内唐代彩塑是一个相互依存的整体，雄浑宽阔的殿宇是彩塑置放的空间和环境，气势非凡的彩塑则是该殿建筑之目的和存在之灵魂。唐代殿宇和彩塑的共同存在，不仅显示了此处文化遗产存在的完整性，也物化和象征着唐代社会特有的精神、气质、气度和气象。这是中国封建社会发展到唐代这一高峰特有的产物和印记，非其他朝代所能比拟。

供养菩萨

东大殿彩塑群阵容庞大，组成气势宏伟的画面。彩塑姿态各异，充满动感、乐感。在礼佛活动中，场内场外鼓乐齐奏，余音绕梁，为我们还原了当时的社会生活。整个场面给人以视觉的冲击力，听觉的感染力，心灵的呼唤力，肉体的征服力，灵魂的感召力以及精神的影响力，非常震撼！彩塑用线分阴线、阳线、凹线、凸线，手法自然，变化多端，在表现手法上，它既和中国画用线有异曲同工之妙，又有其独到之处。中国画的线条是在平面上塑造事物，而彩塑用线则注重在三维空间中线与形体的结合。

彩塑在立体塑造对象的同时，巧妙自然地糅入中国绘画和书法艺术的线条艺术，既浑厚沉着，又细腻耐看，远观近察，四面得体。远观之，线条贴切自然地表现在人物衣纹的正常转折之中，外柔内刚，一丝不苟，富有很强的整体感；近察之，其线条或敛束而相抱，或婆娑而四垂，表现出一种装饰之美。彩塑的这种线绝不是孤立、盲目地为了装饰而用线，而是用线后形成了装饰。这些线条含有绘画美的真趣和书法美的哲理，其极强的装饰趣味溢于言表。

佛台塑像立面图

1 释迦牟尼佛
2 弥勒佛
3 阿弥陀佛
4 文殊菩萨
5 普贤菩萨
6 阿难
7 迦叶
8 金刚
9 胁侍菩萨
10 供养菩萨

广塑佛像是佛教传经布道的有效手段，佛像林立、济济一堂、姿态各一、繁复多彩，是佛教区别于其他宗教的特点之一。因此，有人称佛教为“像教”。

5. 北朝祖师塔

佛光寺创建于北魏太和二年到九年（478—485）。第一位落发之僧为昙鸾，之后涌现出多位高僧，但是对于其祖师史籍没有明确的记载。《五台山佛教史》第四章“唐朝五台山佛教”中认为，“祖师塔，内供无名、慧明二祖师”。祖师塔位于东大殿东南角，为楼阁式砖塔。塔平面呈等边六角形，高二层，通高约 8 米，形制奇特，且具有印度塔的造型与艺术风格，是现存唐代以前古塔的罕见实例，极为珍贵，应属于北魏或北齐遗物。

祖师塔下部简洁明快，上层稍显华丽。下层塔基分六层，逐级收分，整体平矮。西面开券门，门顶作火焰形券面。六层上再起台

祖师塔塔刹

塔起源于印度埋藏舍利的坟冢，又称“浮图”“佛图”“窣堵坡”等，传入中国后与汉代的楼阁结合，成为汉式塔，带有东方汉文化色彩，塔刹为山花、蕉叶、地宫、仿木构等。

阶，上盖六角形小屋，墙略有收分。小屋是塔体的主要部分，上下素平无饰。屋顶微出叠涩一层，涩下砌斗栱，各角一攒，每边七攒。其上又出叠涩一层，上密列莲瓣三层，莲瓣上又出叠涩四层，构成第一层塔的檐部，檐上用反叠涩作下层屋顶。屋顶上面作须弥座式平台，须弥座下部是方涩四层，上作覆莲瓣，每面六瓣。其上是仿木制胡床形式的束腰，上小下大，收分甚紧，每角立瓶形角柱，每面作壶门四间，剔透凌空，与内部塔体脱离。束腰上涩之上又出仰莲瓣三重，以承上部塔身。上部塔身六角各作倚柱，柱头、柱腰、柱脚都用仰莲一朵捆束，每朵五瓣。西面作假券门，门顶部作火焰形，近券顶处饰以旋纹，券下两扇假门，左扇微微错缝，仿佛掩闭，主人在内。西北作假直棂窗，塔身表面用土朱色画出一部分楼阁结构作为装饰。柱头间画额两层，额内画五个短墩，额以上画人字补间铺作。斗下两角之间，画垂带及“W”形的装饰。上层塔身以上的六角柱上，做出角梁头形状。梁头之间出涩一层，其上再出三层莲瓣，叠涩一层，成为上檐。塔顶为砖刹，以仰覆莲为座，上置仰莲一层。仰莲上安六瓣覆钵，其上又出莲瓣两层，承托塔顶宝珠。

祖师塔

依外观分类，汉化塔可分为楼阁式、亭阁式、密檐式、覆钵式、金刚宝座式等。祖师塔是一座亭阁式塔，传统文化元素非常浓厚。其中的火焰屏门是南北朝以来最为典型的造型。

6. 寺内经幢与寺外墓塔

寺院内现存 3 座八角形石经幢，其中 2 座为唐代，1 座为明代，都刻有《佛顶尊胜陀罗尼经》。寺院外有大德方便和尚、解脱禅师等几位高僧的墓塔，掩映于山峦松柏之间。

寺内陀罗尼经幢，唐乾符四年(877)刻，总高 4.9 米。束腰基座刻宝装莲瓣和壶门乐伎，幢身刻《佛顶尊胜陀罗尼经》，上雕宝盖、矮柱、屋檐和宝珠

东大殿前陀罗尼经幢，唐大中十一年（857）镌刻，幢总高 3.2 米。下设束腰六边形基座，刻有狮兽壶门及仰覆莲瓣，幢身刻《佛顶尊胜陀罗尼经》

寺外唐代解脱禅师塔

这是一座亭阁式砖塔，平面呈四边形，是唐塔的共同特征。

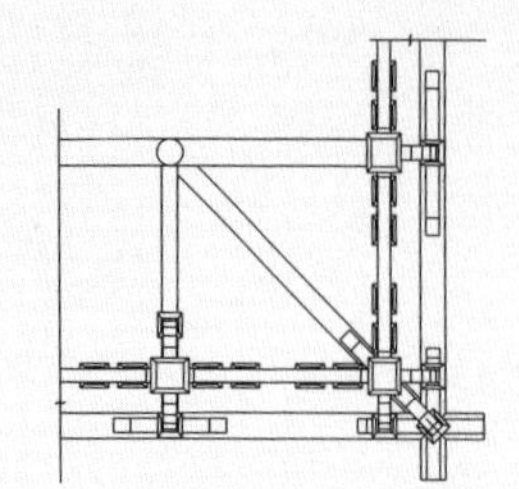

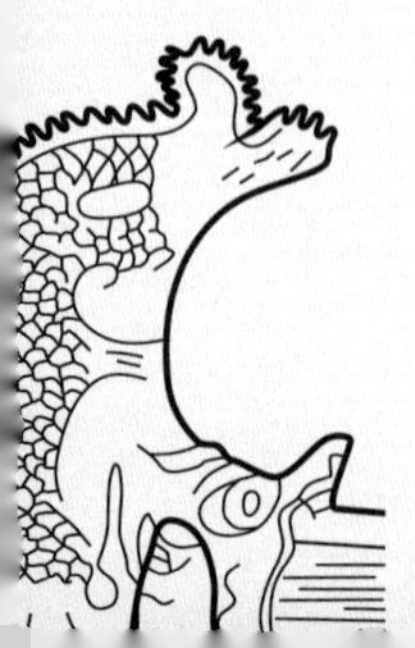

肆 平顺天台庵大殿

大殿正立面

四个翼角立擎檐柱，是为了防止沉重的屋角部分塌陷。屋顶的艺术构件已非唐代遗物，起翘过高，全然没有唐代风韵，显然是明清时期修缮的产物。

天台庵，位于山西省平顺县城东北25千米处的实会乡王曲村。寺庙四周，景色清幽，林木苍翠，农舍环绕，浊漳河水流淌于西南，凤凰山雄踞于东北。

天台庵是山西境内现存的第四座唐代建筑。尽管有人质疑其年代，但目前官方仍认定天台庵为唐代建筑。

寺庙坐北朝南，总平面呈长方形，占地面积970平方米，建筑面积90余平方米。除了大殿，寺院中还保存有一通唐代石碑，殿前曾有一对石狮，现已不复存在。

1988年1月，天台庵被国务院公布为第三批全国重点文物保护单位。2014年，天台庵保护修缮工程通过国家文物局审批，列入“十一五”规划山西南部早期木构建筑保护工程项目。

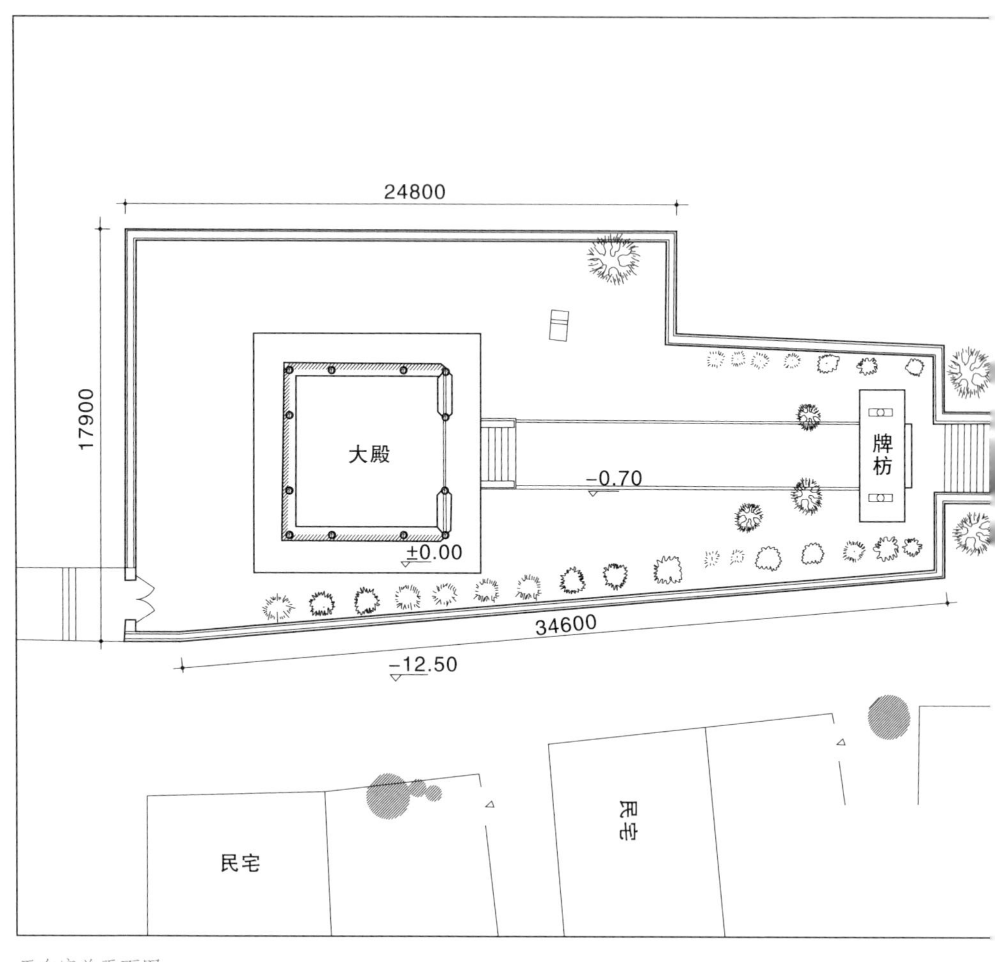

天台庵总平面图

中国佛教史上先后出现过三论宗、瑜伽宗、天台宗、华严宗、禅宗、净土宗、律宗、密宗等八大宗派。天台宗又称法华宗，主要通过《法华经》《大智度论》《中论》等佛经传播佛教思想与文化。

佛教由印度传入中国后，在中国形成的最完备的宗派是天台宗。因创建者智顗久居浙江天台山得名，随后各地纷纷建起了天台宗的寺庙、庵院。唐会昌五年（845），唐武宗灭佛，佛教受到沉重打击，所幸在江南一带得到吴越王钱氏的保护。天台山的僧人们为了不让天台宗毁于兵火战乱和官方剿灭，想方设法保存天台宗的教义和香火，在远离天台山的北方太行山里建起了一座小小的天台庵，如今成为中国“天台宗”佛教庵院遗存的最早实例。

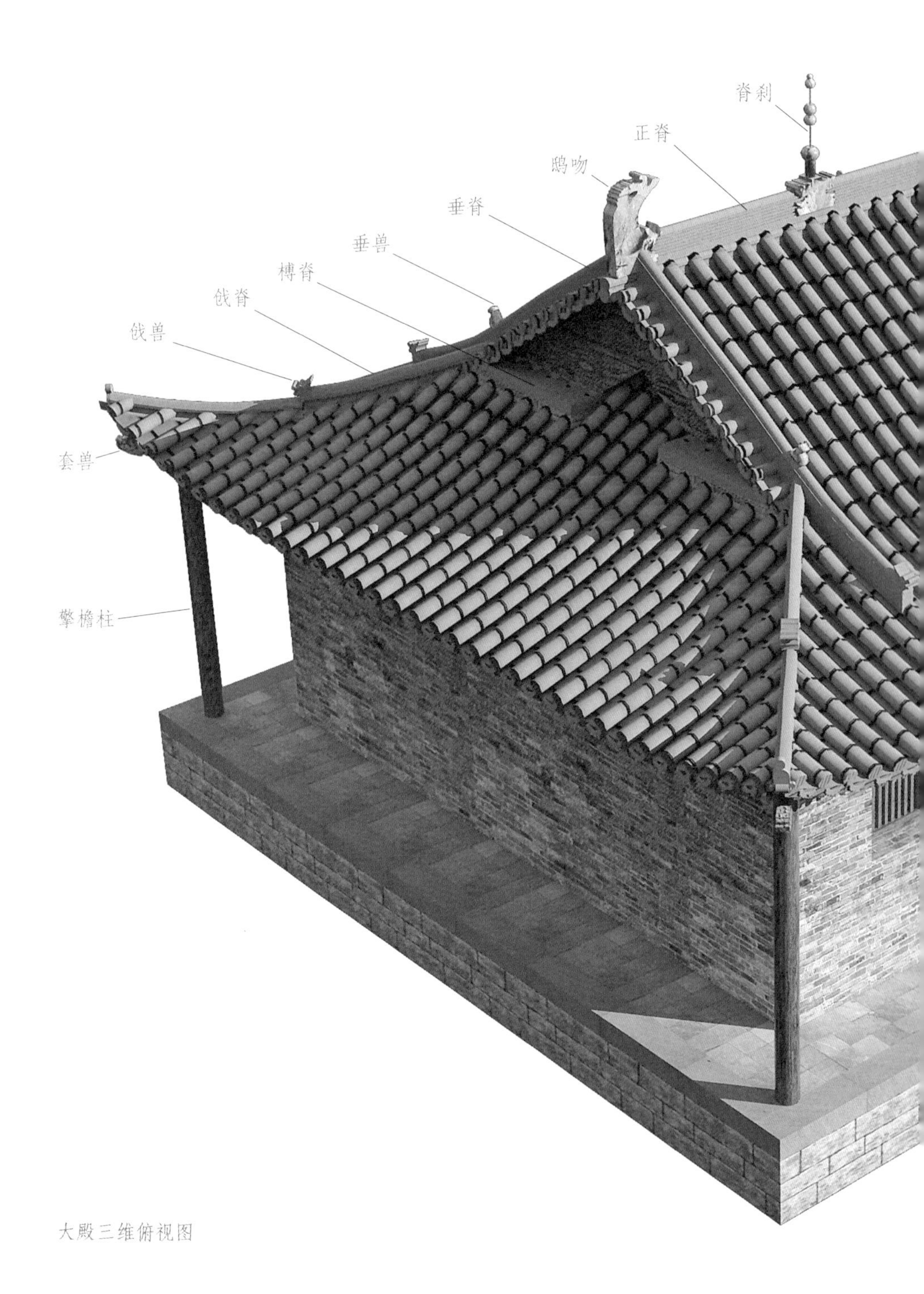

大殿三维俯视图

元之前的古建筑用砖较少，通常只用于土坯墙的下碱墙。明代生产力进一步提高，砖的大规模生产为其在古建筑中的大量使用创造了条件，天台庵墙体全部为砖砌就说明了这一点，同时也证明这座小殿可能在明清或之后进行过修缮。

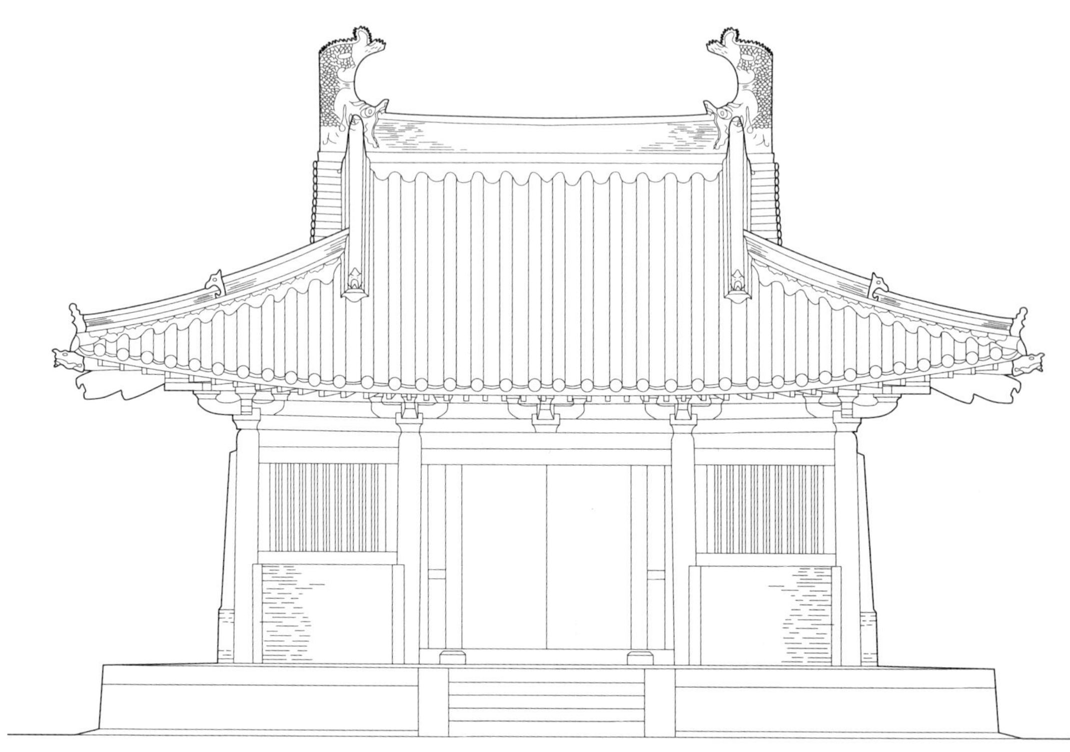

正立面图

这是现存木构建筑中继南禅寺、广仁王庙之后第三座歇山式建筑。其上分与中分，即屋顶与屋身两部分的比例同南禅寺相仿。

一、立面造型

大殿建在1米高的石台基上，四周设台明，正面当心间台明下安装踏跺，殿身四周为圆形木柱，柱间施阑额，不用普拍枋。前檐当心间设板门，两次间设窗。屋顶为单檐歇山顶，出檐深远，上覆灰布筒板瓦。屋檐上保存一只勾头，长32厘米，直径15厘米，造型为八瓣莲花式，颇有唐代遗风。鸱吻吞脊，龙嘴大张，龙尾高耸，颜色以黄绿为主，为山西早期琉璃遗存。整个大殿沉稳厚重，典雅大方。

翼角如飞

“嫔伽”一词出现于《营造法式》，是多见于早期建筑的翼角艺术构件，宋金元时期均有使用，至明清时期改为仙人造型。

侧立面图

“博脊”最早发现于五代画家卫贤的《高士图》中，是为了保护博风板、防止雨水流入山面梁架而设置。使用这种构件，充分说明这座建于大唐时期的殿宇在五代时期进行过瓦顶翻新。

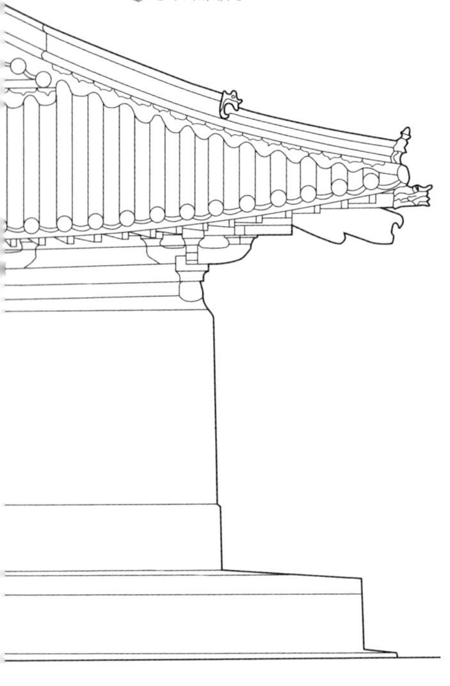

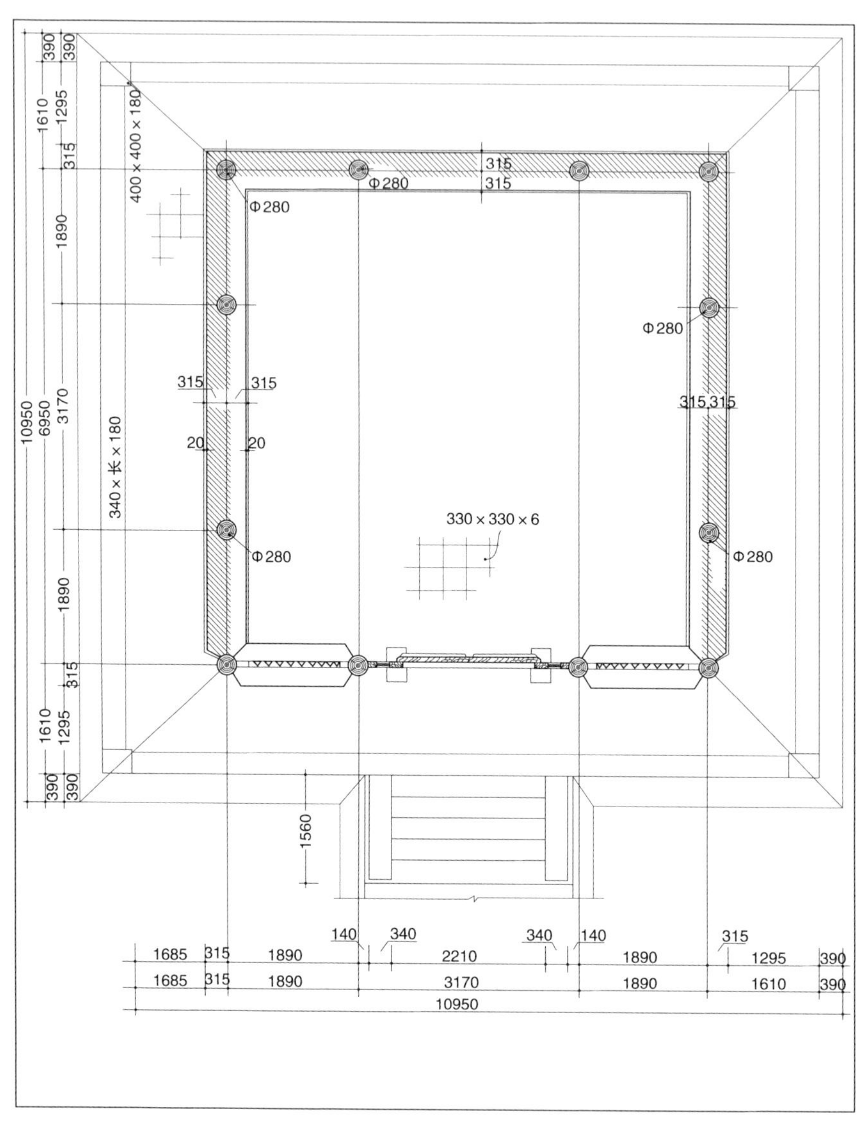

平面图

单位：毫米

正方形建筑平面，为天台庵的唐代建筑身份提供了更加准确的注释。

二、平面布局

大殿坐北朝南，面阔方向设四柱三开间，当心间宽 3.17 米，两次间宽 1.89 米，通面阔 6.95 米；进深方向也为三间四柱，当心间深 3.17 米，两前后间深 1.89 米，通进深 6.95 米（均为柱头尺寸）。从开间面阔进深来看，当心间大于次间，平面为正方形布局，为早期建筑的共同特征。整个大殿共用檐柱 12 根，排列整齐。由殿身构成的礼佛空间，原来设佛坛，并立有塑像，现均已不存。根据柱网布局及梁架结构分析，此大殿为厅堂式建筑。

面阔指单体建筑纵向展开的尺度，通常以间数叙述。进深则是单体建筑横向展开的尺度，也以间数叙述。但早期建筑多以间椽概念表述，如进深三间四椽，四间六椽等等。

平面的面阔与进深尺寸相同是早期建筑的共同特征。出于单体建筑扩大空间的需要，建筑平面布局向两侧拓展成为必然。宋金之后，面阔与进深不再相同，平面多呈长方形，这与大材的缺乏有极大关系。

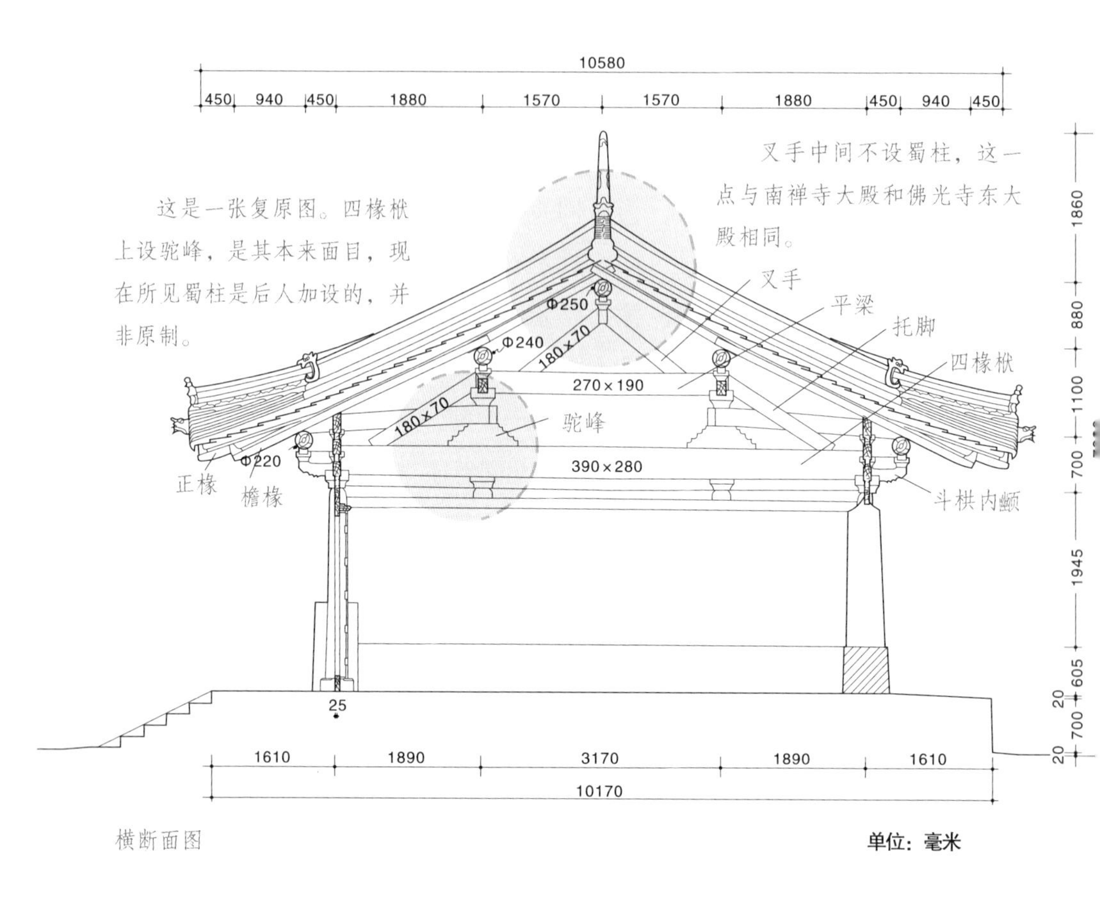

横断面图

单位：毫米

在四座唐代建筑中，唯有天台庵大殿设正椽，有理由认为这是在五代时期加设的。

三、梁架

1. 横断面

大殿梁架结构属于《营造法式》中“四架椽屋通檐用二柱”的彻上明造厅堂式样，当心间用两根大梁贯穿前后檐柱，其上置平梁，前后屋顶共架设四椽，故又称“四椽栿”。四椽栿两端梁头砍成华栱形制，搭在前后柱头的栌斗上，外出形成华栱。现梁架实测为四椽栿上置蜀柱、托脚以承平梁，其上再置驼峰、叉手、捧节令栱等承托脊槫。

四椽栿及后人更换的蜀柱

蜀柱也称“侏儒柱”，《释名》曰：“棳儒，梁上短柱也。”棳儒同侏儒。据《礼记》记载，广天子之庙“山节藻棁”，棁，即梁上短柱。蜀柱在秦汉代时期就有使用，但当时只是用于平梁之上，这种做法一直沿用至今。然而，现存唐五代建筑均未见四椽栿上存有蜀柱的实例，从类型比较分析，天台庵四椽栿上的现存蜀柱，其前身应该是驼峰。

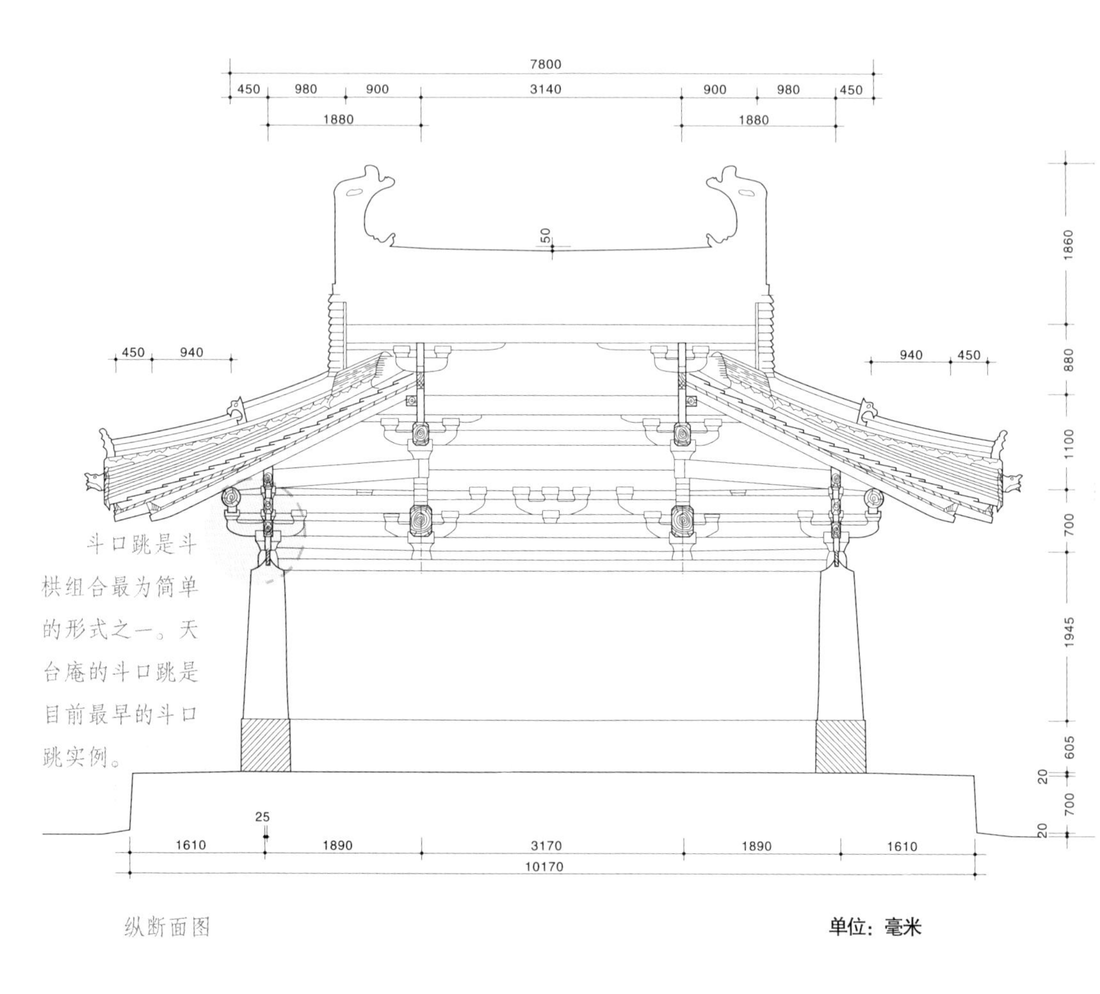

斗口跳是斗栱组合最为简单的形式之一。天台庵的斗口跳是目前最早的斗口跳实例。

纵断面图

单位：毫米

2. 纵断面

前后纵断面结构相同。檐柱柱头承四铺作斗栱，东西各用两根丁栿与山面柱头联结，丁栿后尾搭在四椽栿上，组成山面构架。角部用45°角梁，角梁后尾与蜀柱（此蜀柱为明代时添加）相交，丁栿后尾则插入四椽栿上的驼峰。平梁两端不出斗口，两侧施托脚，平梁之上置驼峰、叉手、大斗、捧节令栱托脊槫。无歇山缝梁架，山面檐椽置于上平槫之间设置的枋木之上。

四椽栿之下最初是没有柱子的，后人为防止四椽栿断裂，在下面加筑了三根木柱。

四椽栿及平梁叉手

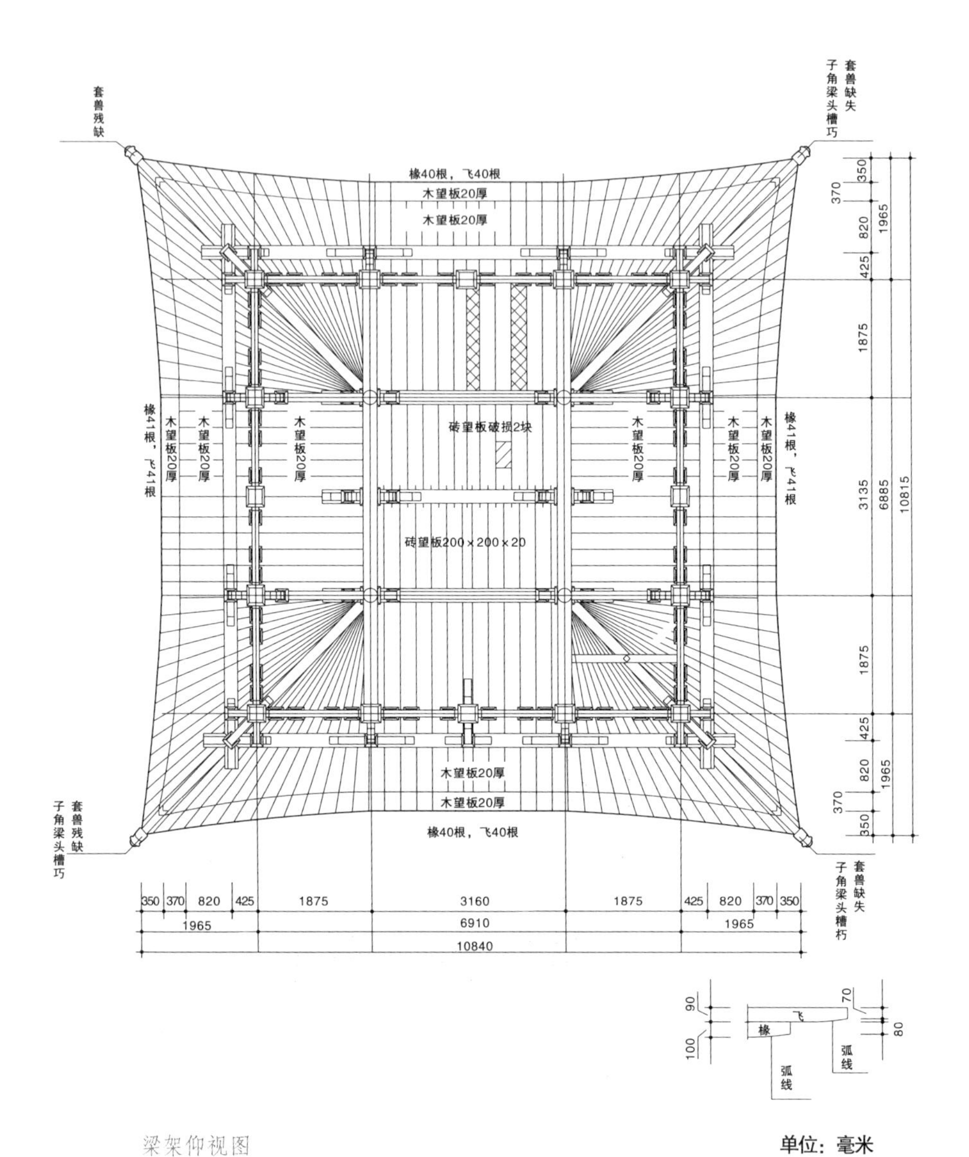
套兽残缺
套兽缺失
子角梁头槽巧
椽40根，飞40根
木望板20厚
木望板20厚
椽41根，飞41根
木望板20厚
木望板20厚
木望板20厚
砖望板破损2块
砖望板200×200×20
木望板20厚
木望板20厚
木望板20厚
椽41根，飞41根
木望板20厚
木望板20厚
椽40根，飞40根
套兽残缺
子角梁头槽巧
套兽缺失
子角梁头槽朽
350
370
820
425
1875
3160
1875
425
820
370
350
1965
6910
1965
10840
1965
3135
6885
10815
飞
椽
弧线
弧线
90
100
70
80

梁架仰视图

单位：毫米

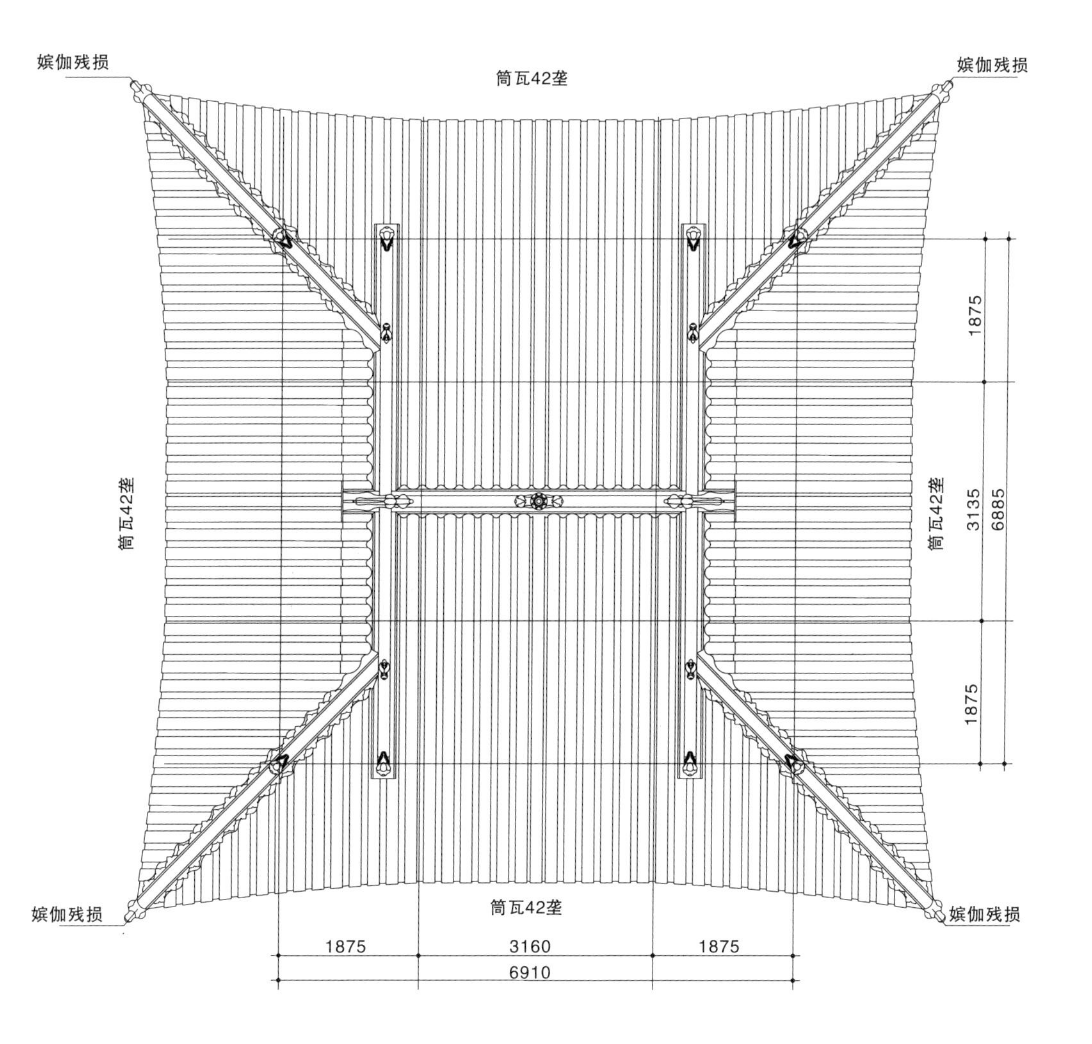

嫔伽残损
筒瓦42垄
嫔伽残损
1875
筒瓦42垄
筒瓦42垄
3135
6885
1875
嫔伽残损
筒瓦42垄
嫔伽残损
1875
3160
1875
6910

屋顶俯视图

单位：毫米

四、柱子

大殿由12根檐柱支撑，殿内不设金柱。12根檐柱中，柱头有卷杀，卷杀平缓圆润，柱子向内侧脚，两山柱子有生起及侧脚。《营造法式》中规定："凡立柱，并令柱首微收向内，柱脚微出向外。"此大殿柱子的侧脚与规定相符。

两侧前檐转角及擎檐柱

生起是古建筑制作与施工方法。正面看，柱子从当心间开始向两侧逐渐升高。《营造法式》规定："至角则随间数生起角柱。若十三间殿堂，则角柱比平柱生高一尺二寸；十一间生高一尺；九间生高八寸；七间生高六寸；五间生高四寸；三间生高二寸。"

为了稳定大木构架，古代匠人还创造了柱子侧脚的施工方法，即柱子的中心线与地面不在一条垂直线上，柱子根部向外移动。侧脚只使用在角柱、檐柱、山柱三种柱子上。《营造法式》规定，檐柱向内倾斜千分之十，山柱向内倾斜千分之八，角柱向建筑中心的两个方向倾斜，但元以前建筑大多超过上述规定。

五、铺作

此大殿斗栱分为柱头斗栱、补间斗栱、山面斗栱及转角斗栱 4 种。

1. 柱头斗栱

柱头上安大斗，施斗口跳斗栱，均用足材栱，四椽栿梁头砍成华栱形制，插入前后柱头斗栱内，伸出檐外形成华栱，跳头上置散斗、替木，承托撩风槫，与《营造法式》中单斗只替结构相同。柱头中缝上施二层单材柱头枋，一层压槽枋，枋间用小斗承托。柱头枋表面柱头部位刻出泥道重栱，各面柱头铺作之慢栱栱身甚长，形制古朴。

单斗只替形制，无令栱。

柱头斗栱

所谓柱头斗栱，指的是柱头承柱斗栱，这只是就位置而言，其实它的结构完全不同于其他斗栱形制。唐五代时期的柱头斗栱绝大多数不设普拍枋，由柱子直接承托。

这一组斗栱在做法上不同于其他斗栱，显然是后期更换的。

外檐补间斗栱

加设铁箍虽然不甚美观，但保留了更多原有文物的信息。

后檐屋檐及斗栱

外檐转角斗栱

2. 补间斗栱

正立面当心间正中施补间铺作1朵，亦为斗口跳，但用单材，撩风槫下施类似于单斗只替结构。

3. 山面斗栱

山面及北立面当心间不施斗口跳，仅于上层柱头枋上隐刻一斗三升斗栱。

所谓一斗三升，指的是一只大斗，三只散斗，最早起源于汉代。早期建筑的外檐令栱多采用一斗三升做法，明清时期改为一斗二升。

4. 转角斗栱

转角铺作45° 斜向出跳，用足材栱，正身方向上的出跳均用单材。

六、举折

前后撩风槫相距 7.8 米，与脊槫的垂直高度为 1.98 米，约合 1：3.94，檐步举 4.7，脊架举 5.6，屋顶平均坡度为 26.9°。

转角屋檐　　翼角起翘过大，应为后人维修所致。

大殿鸟瞰

七、附属文物

大殿殿内梁架及斗栱上保留有简单的清式彩绘，山花壁内尚有部分清代壁画残迹。

天台庵院内有唐碑1通。石碑造型古朴，碑首与碑身为一整体，上施赑屃盘龙，下施鳌座，高约2.5米，宽80厘米，厚25厘米。螭龙圆首，碑阳上的横竖方格依稀可见。由于数百年的风雨剥蚀，已无法看清上面的文字。碑首和两个侧面雕刻着佛像，神态娴静，体态雍容，一派唐人气度。有趣的是，在碑首上有一个人面雕刻，这在唐碑里极为少见。

关于石碑的来源说法不一。其一，源于观测天象计算日影的石构件；其二，源于古人拴牲口的石柱；其三，源于古人死后下葬“以绳栓木悬棺而下”的习惯。

唐碑碑首

碑刻造像

八、构造特点

天台庵大殿规模不大却雄伟气派，结构简练，朴实无华，无繁杂装饰之感，体现了唐代建筑的特点。它的构造特点主要包括：①斗栱硕大，斗栱用材较大是唐代木构建筑最基本的特征；②屋檐举折平缓深远；③柱子较粗；④色调单一；⑤平梁上施大叉手，不用蜀柱（现有细小蜀柱疑为后世所加）；⑥翼角椽的排列为介于扇列椽与平列椽之间的过渡形式，表明这座大殿具有明显的唐代风格。结合此大殿斗栱斗口跳与栱瓣内顱做法，可以断言，天台庵大殿为唐代建筑。

柱间施阑额，不用普拍枋。里转柱上施斗口跳斗栱，为后人更换，均用单材栱。柱头枋上隐刻泥道栱与泥道慢栱。散斗置于枋间，慢栱栱身甚长，形制古朴，无繁杂之感

山面博风板

前檐

九、天台庵大殿创建年代之争

关于天台庵大殿的创建年代，历史文献鲜有记载，在中华人民共和国成立后多次文物普查中也没有发现早期修建的题记。学术界普遍认为，天台庵大殿虽然有些后期修缮的痕迹，但整体结构及其建造手法体现了唐代木构建筑基本特点，一致认为是唐代建筑。1988 年，天台庵被国务院正式公布为第三批全国重点文物保护单位，大殿创建年代被定为唐。

这座唐代建筑虽然规模很小，却有着非常重要的学术价值，由于近年来维修时发现一些新的题记，天台庵的唐代身份被质疑，“五代说”风靡一时，引起一些学术争论。新题记主要有两处：一是脊槫与替木间有“长兴四年九月二日……”的墨书，“长兴”为五代后唐明宗李亶的年号；二是飞椽上写有“大唐天成四年建创，大金壬午年重修，大定元年重修，大明景泰重修，大清康熙九年重修”的题记。

这两段题记文字，是持“五代说”者否定天台庵大殿为唐代建筑的主要依据。陕西宝鸡发现的秦王李茂贞墓，其中有仿木结构的端楼，有专家以此作为五代说的论据。另外，他们还认为此大殿具有“平梁及四椽栿之间设蜀柱，平槫襻间隐刻栱、泥道隐刻栱”等特点，得出天台庵大殿为五代创建的结论。

笔者认为，天台庵仍属唐代创建，理由如下：

1. 与唐代相关的“天成”年号有二，一是安史之乱时，安禄山之子安庆绪使用过天成年号（757—759），另一个天成年号（926—930）使用于五代后唐明宗李嗣源时期，（李嗣源在位八年，共使用两个年号，其中926—930为天成年号，930—933为长兴年号）。安史之乱导致唐朝藩镇割据、政治混乱，当时晋东南地区处于安禄山大燕国的势力范围，因此，乡村小庙建筑上“大唐天成四年建创”的题记，有可能记录了中唐时期的大燕年号，既反映了五代维修时的政治乱局，也透露了天台庵仍属唐代创建的信息。如果以此年号（759）作为创建年代，最初建成

的天台庵大殿就属于中唐建筑，比南禅寺大殿还早 23 年。

2. 题记“长兴四年九月二日……”之年号，无疑是五代后唐明宗李嗣源的年号，因有脱字，不能说明是创建还是维修。如果是创建，显然与“大唐天成四年建创”相矛盾。抑或是维修，但在飞椽上历代维修题记中，唯独没有“长兴”年号。再者，在瓦顶上发现清代泥瓦匠所题“不知此殿的创建年代”的文字，可见五代及清代维修者也不认可“长兴”是大殿的创建年代。敦煌壁画中画匠身处时代与壁画落款时代常常有不一致的情况，更何况五代战乱，朝代政权频繁更替，民间修建出现朝代及纪事纪年误差也在情理之中。

3. 一座庙宇建成之后，一般都在几十年或上百年后才进行大修。如果按照“五代说”，把“天成”“长兴”同视为五代年号，所谓五代“天成四年（929）建创”的新建筑，仅仅隔了 4 年，在长兴四年（933）又重新耗资大修，这在五代社会动乱、经济凋敝的状况下十分不合情理。因此推测，“大唐天成四年建创”极有可能就是大殿创建于中唐时期的民间记录。

4. 从建筑遗构分析，天台庵大殿梁架内，四椽栿之上位于平槫垂线处，不设五代建筑特有的驼峰及合楷组合构件，而是直接立两根圆柱形蜀柱，蜀柱顶设栌斗承托平梁。这一结构形制，是现存唐、五代全部木制遗构中的一种孤例及怪例，在宋代遗构中也极为少见，《营造法式》中亦无此例，反而在晋东南晚期建筑中多有出现。试想唐至五代是建筑模数形成时期，构件的矩形断面是模数化的二维特征，梁架内采用矩形构件，又是隋唐匠人的审美取向，在同一建筑之中，梁架所有构件均加工为矩形断面，唯独同期的蜀柱因陋就简制成圆柱形，委实难以置信。

5. 类型学告诉我们，从同类构件对比中，可以发现某一构件的年代归属。因此，其他五代建筑均无此制，仅仅依此孤例就断言天台庵大殿为五代建筑是说不通的。恰恰相反，其蜀柱构件只能说明是后人修缮时更换的，绝不是五代原物。

6. 对照分析陕西李茂贞墓。唐五代贵族有生前造墓习惯。李茂贞生于唐朝，死于五代，其墓以唐代帝王墓葬形制而修建，规模宏大，制作精美。端楼单勾阑的万字华版、斗栱铺作等均是典型的唐代建筑形制。五代战乱，短期无暇大规模施工，极可能生前在大唐时期就已经造好墓冢了。“五代说”将其形制特点作为五代证据，不足为信。

7. 隐刻栱在南禅寺等唐代建筑就已经采用。由于天台庵大殿为斗口跳形制，所以隐刻做法只能用于泥道栱，这也不是五代所特有的形制。天台庵大殿栱瓣内颛十分明显（与北齐石窟栱颛非常相似）；散斗有明显的皿板痕迹；斗栱上不出要头；斗口跳与类似单斗只替是早期建筑斗栱组合最原始、最基本的做法；檐椽为扇列式与平列式过渡做法（与南禅寺大殿极为相似）等等，均具备唐代木构建筑最基本的特征。

8. 与南禅寺大殿比较，二者斗栱用材较大，平梁叉手形制、大木结构形式、构件特征、构造风格等诸多因素均十分相似。现存唐代建筑平梁不出头，南禅寺、佛光寺、广仁王庙、天台庵均是如此。

9. 历史上但凡庙宇落成，刻碑记事、安设石狮已成常规，天台庵院内所矗立的古朴唐碑及唐代石狮，难道不是唐代创建大殿的有力佐证吗？

10. 至于大殿举折变高、出现后代维修题记等，只能说明后世曾经重点修缮过，不足以成为创建年代之定论。

综上所述，天台庵大殿创建年代为唐朝而不是五代。

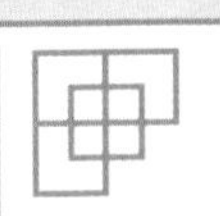

赏本构建筑
品先贤智慧

微信扫描本书二维码
了解更多线上资源

本书配套

高清大图

随时查看本书精美图片

知识拓展

知识测试

你对古代建筑知识了解多少?

建筑课程

在线学习中国传统建筑文化

建筑赏析

赏析古代建筑，感受先人智慧

学习助手

读书笔记|交流社群

扫码添加
智能阅读向导